并网电厂电测计量与故障诊断

江苏方天电力技术有限公司　编

中国电力出版社
CHINA ELECTRIC POWER PRESS

内 容 提 要

本书系统介绍了并网电厂电测计量技术及故障的诊断技术。书中大量的应用实例，内容详实，具有可操作性，将有助于提高从事电力系统电气试验人员、高压计量专业人员、电能计量人员及检测仪器（装置）研发人员的理论与实践水平，更好地服务电力系统的检测与计量。

本书分为概述、关口计量试验技术、典型故障分析、电测计量故障诊断新技术等内容。重点对关口计量用互感器、电能表、变送器等的典型故障进行了详细论述，案例分为三部分：故障描述（包括图、表、照片等）、故障诊断、预防措施。

本书适合从事电力系统电测计量人员、电力工程技术人员、电厂管理人员、设备维护人员及检测仪器（装置）研发人员使用，可作为各大发电集团公司、发电厂专业人员的专业案例库技能培训教材，也可作为大专院校相关专业的参考书。

图书在版编目（CIP）数据

并网电厂电测计量与故障诊断/江苏方天电力技术有限公司编．—北京：中国电力出版社，2020.12

ISBN 978-7-5198-5131-6

Ⅰ.①并… Ⅱ.①江… Ⅲ.①发电厂－电气测量②发电厂－电气设备－故障诊断

Ⅳ.①TM62

中国版本图书馆 CIP 数据核字（2020）第 214828 号

出版发行：中国电力出版社

地　　址：北京市东城区北京站西街 19 号（邮政编码 100005）

网　　址：http：//www.cepp.sgcc.com.cn

责任编辑：畅　舒（010-63412312）

责任校对：黄　蓓　常燕昆

装帧设计：张俊霞

责任印制：吴　迪

印　　刷：北京天宇星印刷厂

版　　次：2020 年 12 月第一版

印　　次：2020 年 12 月北京第一次印刷

开　　本：710 毫米×1000 毫米　16 开本

印　　张：13.75

字　　数：167 千字

印　　数：0001－1000 册

定　　价：68.00 元

《并网电厂电测计量与故障诊断》
编 委 会

前　言

电力能源是国家的经济命脉，提供安全、优质的电力是关系到国计民生的大事，为保证电力系统安全、可靠、稳定、经济地运行，必须最大限度地防止和减少电力设备事故的发生。在电力系统的五个环节中，并网发电企业是电力系统的电源，是电能产生的最初环节，其运行的安全性和可靠性至关重要。对于并网发电企业而言，电力设备故障往往会造成发电机组的非计划停运，非计划停运既是安全问题，也是经济问题，其带来的电量损失、设备修复费用、设备使用寿命损耗等都会给企业造成经济上的损失。

电测计量是保证电力安全生产、经济运行，降低能源消耗、提高供电质量的重要手段，应以质量为中心，以标准为依据，以计量为手段，建立质量、标准、计量三位一体的技术监督体系，对仪器仪表和计量装置及其一、二次回路要积极开展从设计审查、设备选型、设备订购、设备监造、安装调试、交接验收、运行维护、周期检验、现场抽测、技术改造等全方位、全过程的技术监督。

本书立足于并网发电企业，以电测计量为切入点，重点介绍了关口计量用互感器、电能表、变送器等的典型故障、原因分析及预防措施，一方面便于提高专业人员正确地判断故障性质、快速有序地分析处理事故和控制事故能力，有效防范事故的发生和扩大；另一方面对专业人员在设计审查、设备选型、运行维护和周期检验等环节具有借鉴意义，能够提前预防，避免故障发生。

本书由包玉树主编，第1章由包玉树和黄亚龙编写，第2章由胡永建编写，第3章由叶加星和黄亚龙编写，第4章由黄亚龙和吴剑编写，第5章由江苏省内并网发电企业电测专家投稿汇编而成，全书由黄亚龙统稿。

在本书内容编写过程中，得到了国网江苏省电力公司领导和江苏方天电力技术有限公司领导的大力支持；参考了江苏省内并网发电企业的设备故障案例，引用了一些研究成果及试验数据，在此对相关单位的领导和专家表示衷心的感谢。

由于电力技术发展快速和编者水平有限，书中如有不当之处，恳请读者批评指正。

编　者

2020 年 10 月

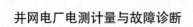

第1章 概　　述

1.1　电测技术监督

1.1.1　管理目标

电测技术监督是保证电力安全生产、经济运行，降低能源消耗、提高供电质量的重要手段，是保证计量准确可靠的有效措施。为加强电测技术监督工作，保障电力系统安全、稳定、经济运行，根据《中华人民共和国计量法》《中华人民共和国计量法实施细则》《中华人民共和国电力法》及国家、电力行业技术监督管理规定，进行电测技术监督工作。

电测技术监督工作应以质量为中心，以标准为依据，以计量为手段，建立质量、标准、计量三位一体的技术监督体系。同时根据设备状况和运行环境的变化进行管理，做到监督内容动态化，监督形式多样化，不断完善技术监督的机制和内容，提高技术监督的工作质量。

电测技术监督管理工作应做到法制化、制度化、动态化。对仪器仪表和计量装置及其一、二次回路要积极开展从设计审查、设备选型、设备订购、设备监造、安装调试、交接验收、运行维护、周期检验、现场抽测、技术改造等全方位、全过程的技术监督。

电测技术监督工作应加强技术培训和技术交流，依靠技术进步，采用和推广成熟、行之有效的新技术、新方法，不断提高电测技术监督的专业水平。

1.1.2　主要要求

电测技术监督的主要要求包含以下几个方面：

（1）参与仪器仪表和计量装置从工程设计审查、设备选型、安装、调试、验收到运行、维护全过程的技术监督工作。

（2）建立健全电测技术监督各项管理制度、电测仪表设备台账和档案。检查技术监督管理制度的执行情况和技术档案的完整性、准确性。

（3）统一仪表的检验方法，对监督范围内仪器、仪表进行周期检验和维护，并进行定期抽测检查以确保电力生产运行和试验用的仪器、仪表准确可靠。

（4）检查现场运行中的仪器、仪表及其回路，发现异常情况应及时采取措施加以处理，并及时上报异常情况，以保证整体表计的准确。

（5）确保所用电测计量器具是按现行国家、行业或国际技术标准制造的产品。

（6）电测计量器具的计量性能和技术规范，应符合设计和实际使用的要求。

（7）监督电测计量标准装置的考核取证和定期复查工作。用于量值传递的计量标准装置或检定装置必须具有有效期内的计量标准合格证书方可使用。

（8）监督检查计量检定人员的检定员证书及其有效性，做到持证上岗。

1.1.3　主要对象

电测技术监督的主要对象包括：

（1）直流仪器仪表。

（2）电测量仪器仪表。

（3）电能表（包括最大需量电能表、分时电能表、多费率电能表、多功能电能表、标准电能表等）。

（4）电能表检定装置、电能计量装置（包括电力负荷监控装置）。

（5）电流互感器、电压互感器（包括测量用互感器、标准互感器、互感器校验仪及检定装置、负载箱）。

（6）变换式仪器仪表（包括电量变送器）。

（7）交流采样测量装置。

（8）电测量系统二次回路（包括 TV 二次回路压降测试装置、二次回路阻抗测试装置）。

（9）电测计量标准装置。

（10）电能质量标准器具及电能质量监测仪。

（11）电试类测量仪器（包括继电保护测试仪、高压计量测试设备等）。

（12）电能信息采集与管理系统。

（13）电测计量检测人员。

以下介绍电力互感器、电能计量装置、电测量变送器三个部分技术监督内容。

1.1.4 电力互感器技术监督

（1）用于电力系统的互感器应满足 GB 20840.3—2013《互感器 第 3 部分：电磁式电压互感器的补充技术要求》、GB/T 20840.5—2013《互感器 第 5 部分：电容式电压互感器的补充技术要求》和 GB 20840.2—2014《互感器 第 2 部分：电流互感器的补充技术要求》的要求。

（2）互感器在投运前应按照 JJG 1021—2007《电力互感器》的要求进行检定。现场检定时一般只对实际使用的变比进行检定。使用中的互感器检定应包括外观及标识检查、基本误差测量、稳定性试验。

（3）电磁式电流、电压互感器的检定周期不得超过十年，电容式电压互感器的检定周期不得超过四年。

（4）当使用中的互感器在检定周期内改用另外变比时，应在检定前向检定机构提出增加受检变比的要求。

（5）应定期对互感器二次回路的负荷进行检测。

（6）电压互感器二次回路的电压降每两年进行一次测量。

（7）电压互感器二次负荷在 2.5VA 到额定负荷之间的误差都应满足规程规定的要求。当电流互感器二次电流为 5A 时，其二次负荷在 3.75VA 到额定负荷之间的误差都应满足规程规定的要求；当电流互感器二次电流为 1A 时，其二次负荷在 1VA 到额定负荷之间的误差都应满足规程规定的要求。

1.1.5　电能计量装置技术监督

（1）电能计量装置的设计必须符合 DL/T 5137—2001《电测量及电能计量装置设计技术规程》、DL/T 5136—2012《火力发电厂、变电站二次接线设计技术规程》及有关规程的要求。

（2）电能计量装置的设计方案应经有关电能计量人员审查通过。装置的准确度和可靠性应满足运行维护的需要。

（3）设计审查的内容应包括：

1）计量点的设置；

2）计量方式和参数的确定；

3）计量设备的型号、规格、准确度等级、功能和性能要求、制造厂家；

　　4）互感器二次回路负荷特性及附件的选择；

　　5）电能计量柜的选用；

　　6）通信规约和安装条件。

　　（4）订购的电能计量器具应具有制造计量器具许可证（CMC 证）和出厂检验合格证。

　　（5）凡首次订购的电能计量器具应进行小批量试用，且必须经计量检定机构验收合格。

　　（6）订购的电能计量器具或装置应根据验收管理办法或合同进行验收，有关功能和技术指标的测试或检定应委托有资质的电能计量技术机构进行。

　　（7）所有需安装的电能计量器具必须经有资质的电能计量技术机构检定合格。

　　（8）经验收合格的电能计量器具应办理入库手续，并建立计算机资产档案，制定电能计量资产管理制度，内容包括标准装置、标准器具、试验用仪器仪表、工作计量器具等设备的购置、入库、保管、领用、转借、调拨、报废、淘汰、封存和清查等制度。

　　（9）电能计量装置投运前的全面地验收应根据 DL/T 448—2016《电能计量装置技术管理规程》的要求进行。

　　（10）验收不合格的电能计量装置应禁止投入使用。

　　（11）电能计量装置的现场检验、周期检定（轮换）、抽检按照 DL/T 448—2016 的规定执行。

　　（12）互感器、电能表的周期检定项目按照有关计量检定规程的要求进行。

　　（13）电能计量检定的环境、人员、标准器具或标准装置、管理制度应按照有关计量检定规程、计量标准考核规范、计量检定员考核管理办法的要求进行。

（14）有关单位应制定封印管理制度。经检定合格的电能表应由检定人员实施封印。互感器二次回路的各计量接线端子、电能表接线端子、电能表试验接线盒、计量柜（箱）门等也应实施封印。

（15）有关单位应制定电能计量装置二次回路管理制度。对二次回路负荷应定期进行测试，防止任意接入、改动、拆除、停用电能计量二次回路。

（16）每天应对电能计量装置的厂站端设备进行巡检，并做好相应的记录。

（17）当发生电能计量装置故障或电量差错时应及时处理，认定、分清责任，提出防范措施。

（18）宜对电能计量装置进行故障分类统计分析，以便制订有针对性的改进措施。

（19）宜对电能计量装置采取必要的技术措施保证电能表历次检验数据、电压互感器二次回路电压降现场测试数据具有可比性，以真实地分析其变化趋势。

（20）电能计量管理机构应制定多功能电能表编程器、密码的管理制度，并严格执行。

（21）电能计量管理机构应建立电能计量装置计算机管理信息系统，内容应包括：

1）电能计量装置的计划管理；

2）电能计量装置资产信息管理；

3）检定和现场检测数据管理；

4）电能计量装置缺陷和处理记录；

5）抽检和轮换管理；

6）电能计量标准器或标准装置、计量人员管理；

7）电能计量装置故障差错情况处理、差错电量上报管理；

8）各类管理制度、标准及规程、技术资料档案。

1.1.6 电测量变送器技术监督

电测量变送器一般包括有功功率、无功功率、电流、电压、频率、功率因数和相位角等变送器。用于电力系统的电测量变送器应符合GB/T 13850—1998《交流电量转换为模拟量或数字信号的电测量变送器》的要求，还必须取得通过产品定型鉴定的合格证。所有电测量变送器在安装使用前都应进行检定变送器的实验室检定按照JJG（电力）01—1994《电测量变送器检定规程》的要求进行，投入运行的变送器应明确专人负责维护。

对运行中的变送器的核对应包括以下内容：

（1）定期巡视、检查和核对遥测值，每半年至少一次，并应有记录。

（2）变送器的核对可参考相应固定式的计量表计。

（3）在确认变送器故障或异常后，应及时申请退出运行并送归口检定机构检定。

变送器是否超差应以实验室参比条件下进行检定的数据为准，修理后的变送器在重新安装前应在实验室内进行检定。使用中的变送器定期检验应与所连接的主设备计划性检修日期同步。一类测点（省际联络线、发电机端及母线电压考核点）的变送器应每年检验一次，二类测点的变送器应每两年检验一次，三类测点的变送器两至三年检验一次。

1.2 并网电厂关口计量

为进一步规范厂站关口计量与采集管理工作，明确工作职责，强化计量关口安全管理、运维管理、资产管理、项目管理，确保关口计量与采集规范管理。

1.2.1 规范关口计量资产管理

（1）厂站关口计量资产主要涉及智能电能表（含数字化电能表）、电能量采集终端服务器等设备，应坚持"分级管理、分工负责、协同合作"的原则开展关口计量资产管理，实现建档、领用、装拆和拆旧设备维修、报废的全过程、全寿命周期管控。

（2）应按照年度建设、改造及运维工作任务，提前开展年度关口计量资产的需求测算及上报工作。采购计划下达后，应按计划开展关口计量资产的采购。

（3）应根据年度工作计划分解及资产实际安装使用情况，提前做好月度资产需求提报，确保关口常用计量资产的库存储备。

（4）应参照负控终端管理模式，做好电能量采集终端服务器固定资产建资管理，资产的状态变更、调拨、报废等均应确保资产实物、营销系统、ERP 系统设备及固定资产信息的一致性。

（5）省计量中心负责运维的变电站关口电能表、电能量采集终端服务器应在省中心表库办理配送、领用等流程。

（6）市、县公司负责运维的变电站关口电能表、电能表及电能量采集终端服务器应由关口计量管理单位负责资产的出入库、装拆、拆旧维修、报废及其他业务管理。

（7）各地市公司应做好所辖区域内各二级库关口计量资产的统筹管理，服从省计量中心的统一调配，提高库存资产的安装利用率。

（8）在各级单位关口计量资产领用、装拆业务办理过程中，如涉及施工单位需提前领取备用的，各二级库应规范办理资产临时领用出库流程，并做到每周梳理核对资产安装情况，资产每次临时领用时长不得超过 5 个工作日，5 个工作日内应督促领用单位退回未安装表计，下次领用时需重新履行借用手续。提前领取备用表计完成现场安装后应确保在 2 个工作日内完成临时领用退库及装拆流程办理。

（9）应加强库存关口计量资产的仓储管理，杜绝关口用表库存超周期情况，如发生关口计量资产因管理台账疏漏、流程办理滞后造成后续资产管理状态异常变化，将纳入年度资产管理的规范性考核。

（10）拆回入库的厂站关口电能表（不含数字化电能表）、电能量采集终端服务器应退回原资产管理归属地的单位二级库，省中心管辖变电站电能表退回省中心表库，各资产管理单位应按智能表规范化分拣业务流程完成拆旧表计分拣及分拣后的处置管理。

1.2.2　提高关口项目管理规范性

（1）关口计量装置采集建设与改造项目（简称关口项目）包括计量专业管理涉及的变电站厂站端计量装置、电量采集装置的建设与改造。项目采用统一管理模式，严格按照《关于印发〈国家电网公司营销项目管理办法〉等三个办法的通知》（国家电网营销〔2011〕4 号）等文件中的项目管理规范要求执行。

（2）应根据所辖变电站、关口电能表、电量采集装置、计量屏等设备数量，综合考虑设备改造、故障修理等因素，统筹规划、科学论证，编制次年度储备项目的可行性研究报告（简称可研报告）。规范填写可研报告总论、立项原因、项目内容、项目方案、投资估算、效益分析等内容，报省公司批复后，落实项目资金并完成年度投资计划下达，项目管理单位应确保项目立项资料完备。

（3）应按照项目管理进度要求或计划，结合物资部门物资和服务等年度招标计划，及时在 ERP 系统中提交物资、工程服务类招标需求及对应的招标技术规范。物资部门按照公司项目招投标管理办法组织完成项目开标、评标、定标工作，出具中标通知书。在省级或市级招标结束后，项目管理单位应做好中标通知书存档工作，纸质和扫描件各保存1份。

（4）应按照合同办理流程与乙方签订合同，各单位对所签订合同进行资料存档。合同中应明确工作内容、工程范围、工程量、工期、采集成功率要求、故障消缺时限、验收标准、合同金额、违约责任等条款。签订工程施工合同时应同时签订安全协议书、优质服务协议书等。

（5）项目管理单位应加强施工单位和人员资质的审核和记录，对每一个施工单位和施工人员档案信息进行存档。对施工人员开展专业技能培训，做好培训记录存档。明确关口计量、采集装置工作要求、统一施工工艺标准，保证每一位计量员工和外包施工队伍作业人员都能熟练掌握作业流程和有关要求。

（6）项目管理单位应对每一次进站工作进行过程管控，对项目施工过程中的安全、质量、进度、物资供应等问题进行定期分析和协调，确保工程可控、能控、在控。施工单位应提供完整的施工记录，包含工作时间、工作内容、工作人员、材料领用情况、现场消缺情况、故障处理及调试记录等，同时提供佐证材料，如消缺前后系统截屏、现场照片、设备领用退库单等。

（7）项目管理单位应定期检查施工单位工程资料的收集、整理和存档情况。工程资料要求齐全、完整、准确，符合规范化、标准化要求，包含项目的各类综合性文件，如请示、报告、批复、会议纪要、合同、协议、统计报表、竣工资料、整体验收报告、审计报告等。

（8）项目管理单位应组织开展过程验收和竣工验收，并出具竣工验收报告，对不合格工程要及时组织整改，落实考核制度，直至工程整改合格。

（9）项目管理单位针对每次进站工作开展过程验收，过程验收可采用现场验收和远程验收相结合的方式，对计量屏改造、终端的更换及修理等项目开展现场验收，保证现场施工规范。验收中应检查故障是否消除、消缺时限是否满足管理要求、现场施工质量是否符合规程规范、施工记录是否完整准确且与系统内故障流程相一致、施工材料使用是否科学合理且与领用记录相一致、实际工程量与施工记录是否一致等。

（10）在规定期限内，施工单位在项目完成施工、备齐所有竣工资料施工总结，书面提请竣工验收。项目管理单位在收到竣工验收申请的 10 天内，组织职能管理部室、责任班组、监审部门以及相关专业的专家进行项目竣工验收。在规定期限内对项目完成竣工验收工作。

（11）验收工作应包含以下主要内容：

1）根据项目合同内容进行工程预结算、工程量核对，新、旧物资的领退记录核对等。重点核查施工单位消缺工作明细是否完整齐全、工作量是否与工作内容相符、工作量是否与系统内故障流程匹配、领用与拆旧物资记录是否匹配等。

2）根据技术规范进行工程质量、工艺水平等验收。

3）根据合同要求情况，对采集成功率、消缺时限、工程过程管理记录、安全、文明施工质量验收。

（12）关口项目审计应遵循"统一管理，分级负责"的原则，各单位项目管理的全过程必须满足审计要求。项目审计由公司审计部归口管理，计量中心，各地市、县级公司审计部门负责对本单位项目结算和财务决算的审计。

（13）在项目结算时应严格遵循计量项目预算管理的相关规定，工程主管部门应对施工结算的工程量审核把关，通过现场检查与系统比对的方式进行工作量核准，并加以书面确认。

（14）项目结算报送审计时应注意资料的完整性，关口项目送审资料应详细记录项目执行情况，一般应包含：开、竣工报告，竣工验收报告，施工过程记录，设备发放领用及退库记录，经项目主管部门工程量审核的结算书等。

（15）审计部门接受送审计任务后，应及时组织人员开展审计（包括内审和外审），在规定期限内完成工程审计，并将审计结果及时反馈给项目主管部门。

（16）在关口项目实施过程中，根据项目进度支付预付款、进度款、项目尾款等，项目整体完成并通过验收后，项目管理单位组织各项目参建单位办理竣工结（决）算手续，核定各项目参建单位具体工程量，严格执行工程"按实结算"原则，编制竣工（结）决算报告。

1.2.3　强化安全意识与安全管理

（1）提高安全防范意识，依据相关安全管理规定，组织作业人员通过《电力安全工作规程》考试，取得工作资格，工作前应按规定开出工作票后方可工作。

（2）应定期组织安全培训，提高施工人员安全防范意识及安全作业技能，严格落实现场施工安全交底、组织措施、技术措施，确保现场作业人员的安全绝缘工器具和个人劳动防护用品配置完整齐全、质量稳定可靠，所有施工人员除按照要求着装，在电气设备上作业时，保持安全距离，有效防范人身触电事故、设备事故的发生。

（3）作业人员应按要求着装并佩戴安全帽、绝缘手套等安全防护用品，必须配置低压验电笔，正确完成验电操作，确认安全后再开展现场作业，有效防范人身触电事故发生。

（4）严格遵守工作纪律，现场作业（操作）必须有两人及以上进行，一人唱票一人作业，落实监护制度，施工前确认作业位置正确，避免误操作，严禁在未采取任何监护措施和保护措施情况下开展现场作业。

第2章 电力互感器

2.1 互感器的基础知识

2.1.1 互感器的作用与分类

1. 互感器的作用

电力系统用互感器是将电网高电压、大电流的信息传递到低电压、小电流二次侧的计量、测量仪表及继电保护、自动装置的一种特殊变压器，是一次系统和二次系统的联络元件，其一次绕组接入电网，二次绕组分别与测量仪表、保护装置等互相连接。互感器与测量仪表和计量装置配合，可以测量一次系统的电压、电流和电能；与继电保护和自动装置配合，可以构成对电网各种故障的电气保护和自动控制。互感器性能的好坏，直接影响到电力系统测量、计量的准确性和继电保护装置动作的可靠性。

互感器分为电压互感器和电流互感器两大类，其主要作用有：

（1）将一次系统的电压、电流信息准确地传递到二次侧相关设备。

（2）将一次系统的高电压、大电流变换为二次侧的低电压（标准值 100、100$V/\sqrt{3}$）、小电流（标准值 5、1A），使测量、计量仪表和继电器等装置标准化、小型化，并降低了对二次设备的绝缘要求。

（3）将二次侧设备以及二次系统与一次系统高压设备在电气方面

很好地隔离，从而保证了二次设备和人身的安全。

2. 电压互感器分类

（1）按用途分：

1）测量用电压互感器（或电压互感器的测量绕组）。在正常电压范围内，向测量、计量装置提供电网电压信息。

2）保护用电压互感器（或电压互感器的保护绕组）。在电网故障状态下，向继电保护等装置提供电网故障电压信息。

（2）按绝缘介质分：

1）干式电压互感器。由普通绝缘材料浸渍绝缘漆作为绝缘，多用在 500kV 及以下低电压等级。

2）浇注绝缘电压互感器。由环氧树脂或其他树脂混合材料浇注成型，多用在 35kV 及以下电压等级。

3）油浸式电压互感器。由绝缘纸和绝缘油作为绝缘，是我国最常见的结构型式，常用于 220kV 及以下电压等级。

4）气体绝缘电压互感器。由 SF_6 气体作主绝缘，多用在较高电压等级。

（3）按相数分：

1）单相电压互感器。一般 35kV 及以上电压等级采用单相式。

2）三相电压互感器。一般在 35kV 及以下电压等级采用。

（4）按电压变换原理分：

1）电磁式电压互感器。根据电磁感应原理变换电压，我国多在 220kV 及以下电压等级采用。

2）电容式电压互感器。通过电容分压原理变换电压，目前我国 110～500kV 电压等级均有采用，330～500kV 电压等级只生产电容式电压互感器。

3）光电式电压互感器。通过光电变换原理以实现电压变换。

（5）按使用条件分：

1）户内型电压互感器。安装在室内配电装置中，一般用在 35kV 及以下电压等级。

2）户外型电压互感器。安装在户外配电装置中，多用在 35kV 及以上电压等级。

（6）按一次绕组对地运行状态分：

1）一次绕组接地的电压互感器。单相电压互感器一次绕组的末端或三相电压互感器一次绕组的中性点直接接地。

2）一次绕组不接地的电压互感器。单相电压互感器一次绕组两端子对地都是绝缘的；三相电压互感器一次绕组的各部分，包括接线端子对地都是绝缘的，而且绝缘水平与额定绝缘水平一致。

（7）按磁路结构分：

1）单级式电压互感器。一次绕组和二次绕组（根据需要可设多个二次绕组）同绕在一个铁芯上，铁芯为地电位。我国在 35kV 及以下电压等级均用单级式。

2）串级式电压互感器。一次绕组分成几个匝数相同的单元串接在相与地之间，每一单元有各自独立的铁芯，具有多个铁芯，且铁芯带有高电压，二次绕组（根据需要可设多个二次绕组）处在最末一个与地连接的单元。我国目前在 66～220kV 电压等级常用此种结构型式。

（8）组合式互感器：由电压互感器和电流互感器组合并形成一体的互感器，也有把与 GIS 组合电器配套生产的互感器。

3. 电流互感器分类

（1）按用途分：

1）测量用电流互感器（或电流互感器的测量绕组）。在正常工作电流范围内，向测量、计量等装置提供电网的电流信息。

2）保护用电流互感器（或电流互感器的保护绕组）。在电网故障状态下，向继电保护等装置提供电网故障电流信息。

（2）按绝缘介质分：

1）干式电流互感器。由普通绝缘材料经浸漆处理作为绝缘。

2）浇注式电流互感器。用环氧树脂或其他树脂混合材料浇注成型的电流互感器。

3）油浸式电流互感器。由绝缘纸和绝缘油作为绝缘，一般为户外型。目前我国在各种电压等级均为常用。

4）气体绝缘电流互感器。主绝缘由 SF_6 气体构成。

（3）按电流变换原理分：

1）电磁式电流互感器。根据电磁感应原理实现电流变换的电流互感器。

2）光电式电流互感器。根据光电变换原理实现电流变换的电流互感器。

（4）按安装方式分：

1）贯穿式电流互感器。用来穿过屏板或墙壁的电流互感器。

2）支柱式电流互感器。安装在平面或支柱上，兼做一次电路导体支柱用的电流互感器。

3）套管式电流互感器。没有一次导体和一次绝缘，直接套装在绝缘套管上的一种电流互感器。

4）母线式电流互感器。没有一次导体但有一次绝缘，直接套装在母线上使用的一种电流互感器。

（5）按一次绕组匝数分：

1）单匝式电流互感器。大电流互感器常用单匝式。

2）多匝式电流互感器。中、小电流互感器常用多匝式。

（6）按二次绕组所在位置分：

1）正立式。二次绕组在产品下部，是国内常用结构型式。

2）倒立式。二次绕组在产品头部，是近年来比较新型的结构型式。

（7）按电流比变换分：

1）单电流比电流互感器。即一、二次绕组匝数固定，电流比不能改变，只能实现一种电流比变换的互感器。

2）多电流比电流互感器。即一次绕组或二次绕组匝数可改变，电流比可以改变，可实现不同电流比变换的互感器。

3）多个铁芯电流互感器。这种互感器有多个各自具有铁芯的二次绕组，以满足不同精度的测量和多种不同的继电保护装置的需要。为了满足某些装置的要求，其中某些二次绕组具有多个抽头。

（8）按保护用电流互感器技术性能分：

1）稳定特性型。保证电流在稳态时的误差，如 P、PR、RX 级等。

2）暂态特性型。保证电流在暂态时的误差，如 IPX、TPY、TPZ、TPS 级等。

（9）按使用条件分：

1）户内型电流互感器。一般用于 35kV 及以下电压等级。

2）户外型电流互感器。一般用于 35kV 及以上电压等级。

2.1.2　电压互感器工作原理与技术

一、电磁式电压互感器原理与技术

1. 工作原理

电磁式电压互感器是一种特殊变压器，其工作原理和变压器相同，原理图如图 2-1 所示，电压互感器一次绕组并联在高电压电网上，二次绕组外部并接测量仪表和继电保护装置等负荷，仪表和继电器的阻抗很大，二次负荷电流小，且负荷一般都比较恒定。电压互感器的容量很小，接近于变压器空载运行情况，运行中电压互感器一次电压不受二次负荷的影响，二次电压在正常使用条件下实质上与一次电压成正比。

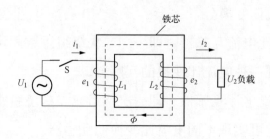

图 2-1　电磁式电压互感器原理图

当在一次绕组上施加电压 U_1 时，在铁芯中就产生磁通 $\varPhi$，根据电磁感应定律，则在二次绕组中就产生一个二次电压 U_2。改变一次或二次绕组的匝数，可以产生不同的一次电压与二次电压比，这就可组成不同变比的电压互感器。

2. 误差

电磁式电压互感器应能准确地将一次电压变换为二次电压，以保证测量的准确性和保护装置动作的正确性。理想的电压互感器，当电压为正弦波时，应该使得根据实测的二次电压 U_2 乘以额定电压比 K_N 来确定电网电压 U_1 值没有误差，即 $\dot{U}_2'$ 和 $\dot{U}_1'$ 大小相等、相位相同。但是，实际上电压互感器不仅 $\dot{U}_2'$ 和 $\dot{U}_1'$ 的大小不同，而且相位也不一样，也就是说，互感器在电压变换中总是有一定误差的。

电压互感器的误差包括电压误差（又称比值差）和相位差（又称相角差）。

3. 准确度等级

电磁式电压互感器的准确度等级是以它的电压误差和相位差值来表征的，互感器国家标准定义的准确度等级是指在规定的一次电压和二次负荷变化范围内，当二次负荷功率因数为0.8（滞后）时误差的最大限值。

测量用电压互感器准确度等级的标称，是以规定电压及所规定的二次负荷下，该准确度等级的最大允许电压误差的百分数来表示的，标准准确级有0.1、0.2、0.5、1、3共五个等级，各准确级的误差限值见表2-1。

表 2-1　　　　　　　　　　　　测量用电压互感器误差限值

准确度等级	电压误差（±%）	相位差		允许一次电压变化范围	允许二次负荷变化范围
		（±′）	（±crad）		
0.1	0.1	5	0.15		
0.2	0.2	10	0.3		$(0.25 \sim 1.0)\ S_N$
0.5	0.5	20	0.6	$(0.8 \sim 1.2)\ U_{1N}$	$\cos\varphi_2 = 0.8$（滞后）
1	1	40	1.2		
3	3	不规定	不规定		

注　下限负荷按2.5VA选取，互感器有多个二次绕组时，下限负荷分配给被检二次绕组，其他二次绕组空载。

4. 额定输出容量

电磁式电压互感器的额定输出是指在额定二次电压及接有额定负荷的条件下，互感器所供给二次回路的视在功率（在规定的功率因数下，以VA表示），互感器的额定输出与准确级有关，同一台互感器可以有不同的额定输出，它对应于不同的准确等级，在互感器铭牌上应予标明。若使用时，二次负荷超过了该准确级对应的容量范围，则实际准确级将达不到铭牌规定的等级。要使电压互感器运行在所选定的准确级限值内，必须按JJG 1021—2007规定的负荷范围运行，即二次负荷应在25%～100%额定输出范围内，大于额定输出或小于25%额定输出都是不能保证准确级的。这是选择互感器额定输出时要加以注意的。

二、电容式电压互感器原理与技术

1. 工作原理

电容式电压互感器（简称 CVT）是由串联电容器分压，再经电磁式互感器降压和隔离的一种电压互感器，如图 2-2 所示。电容式电压互感器结构上由电容分压器和电磁单元组成，它的电容分压器由高压臂分压电容器与低压臂分压电容器组成，高压臂分压电容器也就是电力用的耦合电容器，由多个电容芯子串联组成。

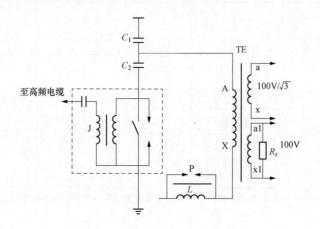

图 2-2　电容式电压互感器电路图

C_1、C_2—高压和中压电容；L—补偿电抗器；P—保护间隙；TE—中压变压器；

A、X——一次绕组端子；a、x、a1、x1—二次绕组端子及剩余电压绕组端子

分压器的二次电压一般选择在 10～20kV 之间，分压器二次输出的电压经过一台补偿电抗器接到电磁式电压互感器 TE（俗称中间变压器）的一次绕组。电容分压器的输出阻抗接近等于低压臂电容器的容抗，当二次回路有负荷电流时，会产生相当大的内阻压降。补偿电抗器的作用是用电感压降补偿分压电容器的电容压降，提高了电容式电压互感器的负荷能力。

补偿电抗器 L 的作用：为了寻求使 C_2 上的电压不随负荷电流改变的方法，可应用等效发电机原理，将电容分压器简化成图 2-3 所示的

有源二端网络来进行研究。该网络电源电势取图 2-3 中 a、b 两点间的开路电压，其内阻 Z_i 即为图 2-3 电源短接后自 a、b 两点所测得的阻抗，当 a、b 两点开路（即不接负荷）时，U_{ab} 为电源部分的电压 U_2，当 a、b 两点接入负荷后，由于负荷电流在内阻 Z_i 上造成的压降，a、b 两端的电压 U_{ab} 将小于 U_2，而且负荷电流越大，U_{ab} 越小。只有当电源的内阻为零时 U_{ab} 才能不随负荷电流而变化。

　　考虑到内阻 Z_i 为容性，因此串入补偿电抗器 L 把内阻 Z_i 调到零。串入补偿电抗器 L 后的接线如图 2-4 所示。当 $\omega L = 1/[\omega(C_1+C_2)]$ 时，电源的内阻可为零。因此，采用图 2-4 的接线后，理论上电容分压器的输出电压 U_{ab} 将恒等于 U_2 而和负荷电流无关。

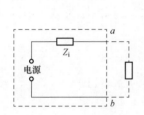

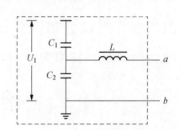

图 2-3　有源二端网络　　　　图 2-4　带有补偿电抗器的电容分压器

　　电磁式电压互感器（TE）的作用：降低补偿电抗器的电阻，可以减小电容分压器的测量误差，然而，要做到这一点是不容易的，尤其当补偿电抗器的电感值很大时，即使电感的品质因数很高，其电阻的绝对值还是很大。因此，要提高电容分压器的测量精度，就必须设法降低流过补偿电抗器的负荷电流，为此，电容分压器的输出端不能直接用来接测量仪表，而必须经过一个中间电磁式电压互感器降压后再接仪表，这样，经过中间电压互感器的变换，二次侧较大的负荷电流可变得很小，从而提高电容式电压互感器的二次负载能力。

21

2. 误差

电容式电压互感器的误差，因其构成特点，包含电容分压器误差、电压误差、相位差、电磁单元误差、电源频率变化及温度变化引起的附加误差等，现分述如下。

（1）电容分压器误差。电容分压器误差包括电压误差（分压比误差）和相位差（角误差）。

（2）电压误差。当高压电容 C_1 和中压电容 C_2 的实际值与额定值 C_{1N} 和 C_{2N} 不相等时，就会产生电压误差，其值为

$$f_c = \frac{C_{1N}}{C_{1N}+C_{2N}} - \frac{C_1}{C_1+C_2} \tag{2-1}$$

（3）相位差。额定频率下可以利用电抗器的调节绕组对相位差进行调整，但当电容的 C_1 介损因数 $\tan\delta_1$ 和 C_2 的介损因数 $\tan\delta_2$ 不相等时，还会增加相位差，其值为

$$\delta_C = \frac{C_2}{C_1+C_2}(\tan\delta_2 - \tan\delta_1) \times 3440' \tag{2-2}$$

（4）电磁单元误差。电磁单元误差包括空载误差和负荷误差，其计算方法与电磁式电压互感器原理相同。

（5）电源频率变化。实际上电网中电源频率经常是偏离额定频率的，这样，$|X_1-X_C|$ 的值将发生变化，$|X_1-X_C|=X_0$ 称为剩余电抗，相对于额定容抗之比 $\frac{X_0}{X_L}=2\Delta f$，即剩余电抗的变化为频率变化量的 2 倍，这一剩余电抗是无法消除的，从而引起固有的附加误差。

（6）温度变化引起的附加误差。温度变化将引起电容量 C_1 和 C_2 发生变化，可造成两种误差而影响准确度，首先是由于容抗改变而产生剩余电抗造成误差，其次是 C_1 与 C_2 由温差可产生分压比误差。

3. 准确度等级

国家标准对电容式电压互感器准确度等级、相应误差限值及运行条件规定见表 2-2。

表 2-2　　电容式电压互感器准确度等级、相应误差限值及运行条件

	准确度等级	0.1	0.2	0.5	1
运行条件	频率范围（Hz）	50±0.5			
	电压范围（%）	80~120			
	负荷范围（%）	25~100			
	负荷的功率因数	0.8（滞后）			
	电压误差（%）	±0.1	±0.2	±0.5	±1
相位误差	（′）	±5	±10	±20	±40
	（card）	±0.15	±0.3	±0.6	±1.2

注　下限负荷按 2.5VA 选取，互感器有多个二次绕组时，下限负荷分配给被检二次绕组，其他二次绕组空载。

4. 额定输出容量

电容式电压互感器的额定输出是指在额定二次电压及接有额定负荷的条件下，互感器所供给二次回路的视在功率（在规定的功率因数下，以 VA 表示），互感器的额定输出与准确级有关，同一台互感器可以有不同的额定输出，它对应于不同的准确等级，在互感器铭牌上应予标明。若使用时，二次负荷超过了该准确级对应的容量范围，则实际准确级将达不到铭牌规定的等级。要使电压互感器运行在所选定的准确级限值内，必须按 JJG 1021—2007 规定的负荷范围运行，即二次负荷应在 25%～100% 额定输出范围内，大于额定输出或小于 25% 额定输出都是不能保证准确级的。这是选择互感器额定输出时要加以注意的。同时为提高准确度和额定输出容量的主要措施一般是将中间电压由传统 13kV 提高到 20kV 左右，电容量由过去产品的 5000～7500pF 提高到 10000pF。这些措施还减小了频率和温度变化对误差的影响，同时也有利地降低高频衰耗，改善载波通信的效果。

2.1.3 电流互感器工作原理与技术

1. 工作原理

电流互感器是根据电磁感应原理制成，原理图如图 2-5 所示，它的一次绕组经常有线路的全部电流流过，电流互感器在工作时，它的二次回路始终是闭合的，因此测量仪表和保护回路串联线圈的阻抗很小，电流互感器的工作状态接近短路。

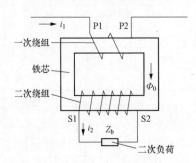

图 2-5 电流互感器原理图

在理想的电流互感器中，如果假定空载电流 $\dot{I}_0 = 0$，则总磁动势 $\dot{I}_0 N_0 = 0$，根据能量守恒定律，一次绕组磁动势等于二次绕组磁动势，即 $\dot{I}_1 N_1 = \dot{I}_2 N_2$ 电流互感器的电流与它的匝数成反比，一次电流对二次电流的比值 $\dfrac{I_1}{I_2}$ 称为电流互感器的电流比。当知道二次电流时，乘上电流比就可以求出一次电流，这时二次电流的相量与一次电流的相量相差 180°。

2. 误差

（1）电流误差。电流误差就是按额定电流比折算到一次侧的二次电流与实际一次电流在数值上的差，它是由于实际电流比不等于额定电流比所造成的，故又称比值差。

$$f = \frac{K_N I_2 - I_1}{I_1} \times 100\% \qquad (2-3)$$

式中 K_N——额定电流比；

$\quad I_1$——实际一次电流，A；

$\quad I_2$——一次侧流过 I_1 时实际测得的二次电流，A。

（2）相位差。相位差是指一次电流与二次电流相量的相位之差，故又称相角差，若二次电流 $-\dot{i}_2'$ 相量超前于一次电流 $\dot{i}_1'$ 相量时，相位差为正值，它通常用分或厘弧表示。在大多数情况下，电流互感器的相位差为正值。

3. 准确度等级

电流互感器准确度级分为 0.1、0.2S、0.2、0.5S、0.5、1 级，电流互感器各准确级所对应的误差值见表 2-3。

表 2-3　　　　　　　　　　电流互感器各准确级所对应的误差值

准确度等级	电流百分数	1	5	20	100	120
1	比值差（%）	—	3.0	1.5	1.0	1.0
	相位差（±'）	—	180	90	60	60
0.5	比值差（%）	—	1.5	0.75	0.5	0.5
	相位差（±'）	—	90	45	30	30
0.5S	比值差（%）	1.5	0.75	0.5	0.5	0.5
	相位差（±'）	90	45	30	30	30
0.2	比值差（%）		0.75	0.35	0.2	0.2
	相位差（±'）		30	15	10	10
0.2S	比值差（%）	0.75	0.35	0.2	0.2	0.2
	相位差（±'）	30	15	10	10	10
0.1	比值差（%）		0.4	0.2	0.1	0.1
	相位差（±'）	—	15	8	5	5

注　1. 电流互感器的基本误差以退磁后的误差为准。

　　2. 除非用户有要求，二次额定电流 5A 的电流互感器，下限负荷按 3.75VA 选取；二次额定电流 1A 的电流互感器，下限负荷按 1VA 选取。

4. 额定输出容量

电流互感器二次负荷在额定容量的一定范围时，才能保证误差不超过规定限值，如测量用互感器二次负荷不得大于额定容量，也不得小于额定容量的 25%；对保护用互感器则要求二次负荷不得大于额定容量。二次负荷通常用视在功率（VA）来表示。

2.1.4 电子式互感器工作原理与技术

电子式互感器分交流电子式互感器和直流电子式互感器。交流电子式互感器主要用于智能变电站,直流电子式互感器主要用于直流输电系统。电子式互感器一次传感器的传感机理对电子式互感器的结构有很大影响。

一、交流电子式电压互感器

电子式电压互感器采用电阻分压、阻容分压原理,其输出在整个测量范围内呈线性,以电阻分压原理(见图2-6)说明如下:

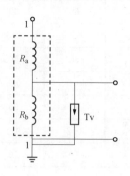

图 2-6 电阻分压原理图

1—均压电极;R_a—高压臂电阻;

R_b—低压臂电阻;Tv—过电压保护装置

电阻分压是通过电阻 R_a 和 R_b 组成的电阻分压器,将一次电压转换成低电压,经处理后输出符合标准的二次电压。由于高压端与分压器本体及分压器本体与地之间存在杂散电容,使分压器产生误差,并会造成分压器电压分布不均匀。为减小分压器高压端与分压器本体之间杂散电容对分压器误差的影响,改善电压分布,在分压器高压端加屏蔽电极。另外,为使分压器接地端对地杂散电容相对固定,在接地端加屏蔽电极,以减少分压器高压端对地杂散电容对分压器误差的影响。一旦低压臂电阻 R_b 被破坏,过电压保护装置可以限制二次电压升高,以保护测量系统。

1. 电容分压原理(GIS 适用)

电容分压是通过将柱状电容环套在导电线路外面来实现的,柱状电容环及其等效接地电容构成了电容分压的基本回路,如图2-7所示。

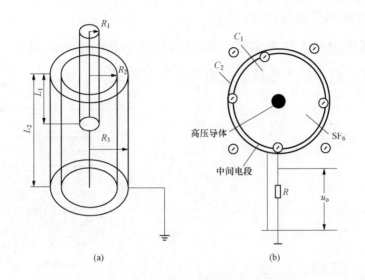

图 2-7　电容分压原理及等效电路图（GIS 适用）

（a）电容分压原理图；（b）电容分压等效电路图

C_1—柱状电容环，即高压臂电容；C_2—等效接地电容，即低压臂电容

考虑到系统短路后，若电容环的等效接地电容上积聚的电荷在重合闸时还未完全释放，将在系统工作电压上叠加一个误差分量，严重时会影响到一次电压测量结果的准确性以及继电保护装置动作的正确性，长期工作时等效接地电容也会因温度等因素的影响而变得不够稳定，所以对电容分压的基本测量原理进行了改进。在等效接地电容上并联一个电阻 R 以消除上述影响，从而构成新的电压测量电路（阻容分压）。电阻上的电压 U_0 即为电压传感头的输出信号，其大小为 $e(t) = RC_1 \mathrm{d}u/\mathrm{d}t$。

2. 电容分压原理（户外独立式适用）

电容分压工作原理如图 2-8 所示，其输出电压由高压臂电容 C_1 和低压臂电容 C_2 的电容分压比决定。这种分压技术来自传统的电容式电压互感器，其输出电压 U_0 大小为

$$U_0 = \frac{C_1}{C_1 + C_2} \times U_\mathrm{S} \qquad (2-4)$$

3. 串联感应分压原理

串联感应分压是由多级不饱和电抗器串联而成的，输出电压信号从串联在电路中的小电抗上取出，其原理如图 2-9 所示。

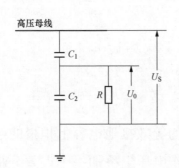

图 2-8　电容分压原理图（户外独立式适用）

C_1—高压臂电容；C_2—低压臂电容；R—保护电阻；

U_S—高压母线电压；U_0—分压器输出电压

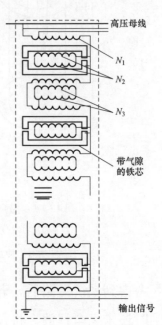

图 2-9　串联感应分压原理

N_1—分压器主绕组；N_2—平衡绕组；

N_3—耦合绕组

根据需要，信号可以在高压端取出，也可以在分压器接地端取出。串联感应分压器是参照串级式电压互感器原理制成的。平衡绕组和耦合绕组的作用是保证感应分压器在不同电压、不同负载（允许范围内）时各个电抗器单元的磁势平衡，而使各个单元承受电压均衡。N_2、N_3匝数的具体数值必须在初步设计后，通过测量各元件分布电压的方法来调整。

二、交流电子式电流互感器

1. 罗氏（Rogowski）线圈设计原理

罗氏线圈是将导线均匀地绕在非铁磁性环形骨架上，一次母线置于线圈中央，因此绕组线圈与母线之间的电位是隔离的，如图 2-10 所示。由于不存在铁芯，所以不存在饱和现象。

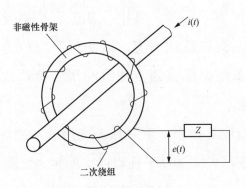

图 2-10　罗氏线圈设计原理

当母线电流为 $i(t)$，根据法拉第电磁感应定律，罗氏线圈两端产生的感应电势 $e(t)=-Mdi/dt$，式中 M 为互感系数。罗氏线圈两端产生的感应电势 $e(t)$ 经过积分器处理后得到与被测电流成比例的电压信号，经处理、变换后，即可得到与一次电流成比例的模拟量输出。

2. 低功率小铁芯线圈原理

小铁芯线圈式低功率电流互感器是传统电磁式电流互感器的一种发展，小铁芯线圈式低功率电流互感器包含一次绕组小铁芯和损耗极小的二次绕组。

图 2-11 中，由于二次绕组上连接集成元件 R_a，因此，其二次输出为电压信号。二次电流 I_2 在集成元件 R_a 上产生的电压降 U_S，其幅值正比于一次电流且同相位。当互感器的内部损耗和负荷要求的二次功率越小，其测量范围越宽、准确度越高。

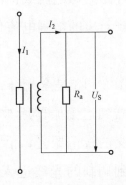

图 2-11　低功率小铁芯线圈原理

3. 全光纤电流互感器原理

常见的全光纤电流互感器的工作原理主要依据法拉第效应、逆压电效应和磁致伸缩效应等。其中，基于法拉第效应的全光纤电流互感器得到了深入而广泛的研究。以法拉第效应为工作原理的全光纤电流互感器常采用偏振检测方法或利用法拉第效应的非互易性通过干涉仪实现检测。

法拉第磁光效应是指当一束线偏振光沿着与磁场平行的方向通过磁光材料时，线偏振光的振动平面将产生偏转，如图2-12所示。线偏振光振动平面旋光角的大小与磁场强度和光在磁场中所经历的路径距离成正比。

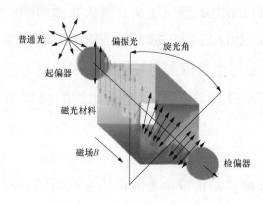

图 2-12 法拉第磁致旋光效应

如果敏感路径是闭合环路，那么穿过敏感环路的电流所产生的磁场将作用于闭合环路，产生法拉第相角的大小将遵守安培环路定律。通过磁光材料（光纤或者磁光玻璃）的线偏振光振动平面的偏转角大小，与光学环路的匝数及穿过光学环路的总电流成正比，如果能够检测光信号的偏振旋光角，就可以得到对应的被测电流值，这就是法拉第磁光效应电流互感器的基本原理。

图2-13是全光纤式电流互感器工作原理图，光源发出的光经过耦合器到达偏振器后被转化为线偏振光，进入相位调制器分解为两束正交的线偏振光，沿光纤的两个轴（X轴和Y轴）向上传播。两束受到调制的光波进入了光纤线圈，在电流产生的磁场作用下，两束光波之间产生正比于载体电流的相位角。在汇流排处，两光波经

反射镜的反射并发生交换后，两束光波返回到相位调制器，到达偏振器后发生干涉，干涉光信号经过耦合器进入光电探测器，探测器输出的电压信号被信号处理电路接受并运算，运算结果通过数字接口输出。

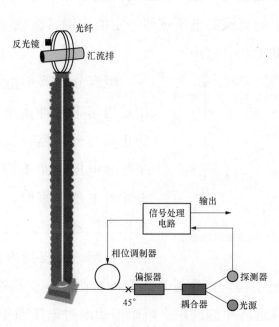

图 2 - 13　全光纤式电流互感器工作原理图

当汇流排无电流时，两光波的相对传播速度保持不变，即物理学上所说的没有相位差 [见图 2 - 14（a）] 两束光信号的相位差为零，信号处理电路输出也为零；当有电流通过时，在通电导体周围磁场的作用下，两束光波的传播速度发生相对变化，即两束光信号存在一个相位差 [见图 2 - 14（b）]，其中，N 是光纤的匝数，V 是维尔德常量，I 是被测电流，相位差的存在最终表现的是探测器处叠加的光强发生了变化，通过测

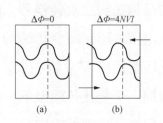

图 2 - 14　两偏振光相干叠加示意图

（a）无电流；（b）有电流

量光强的大小,即可测出对应的电流大小,信号处理电路对相位差进行解调,得到被测电流数字值并输出。

三、直流电子式电压互感器

阻容分压器是直流电压互感器的传感部分,其电阻部分主要作用是将极线母线上的直流高电压按照一定的比例转换成直流低电压,其基本工作原理如图 2-15 所示。

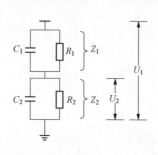

图 2-15 阻容分压器工作原理图

阻容分压器中电容部分主要作用是均匀雷电冲击电压的分布,以防止阻容分压器在雷电冲击电压到来时因电压分布不均而损坏。当雷电冲击电压到来时,对纯电阻直流高压分压器来说,由于存在寄生电容的影响,使得纯电阻分压器上的冲击电压分布极不均匀,靠近高压侧的电阻将承受很高的冲击电压,这极有可能使靠近高压侧的单个电阻因短时过电压而损坏,从而导致整个分压器的损坏。在纯电阻分压器上并联电容,能够有效减小寄生电容对冲击电压分布的影响,从而使冲击电压的分布均匀,有效地提高了分压器的耐受雷电冲击电压的能力。测量电缆将直流场中的阻容分压器和控制室内的二次转换器连接起来,使阻容分压器输出的低压侧信号传送到二次转换器。阻容分压器高低压臂的电阻电容必须满足被测电压波形无畸变传输的条件 ($R_1C_1-R_2C_2=0$),此时阻容分压器高低压臂的时间常数一致,使被测电压中的各种频率分量顺利通过,并以同一个变比传输至下一级。

但当分压器的电阻分压比不再等于电容分压比时,被测信号的各频率成分将以不同变比传输到下一级,再叠加在一起,必然会造成被测信号的失真。

四、直流电子式电流互感器

1. 有源光电式直流电流互感器

有源光电式直流电流互感器（简称 OCT）应用在换流站直流场极线、阀厅极线、滤波电容器组等位置，其额定电流可为几十安培到几千安培，被测电流可为直流电流，也可为谐波电流，不同位置的 OCT 的主要区别在于一次传感器。一次传感器可以是分流器，也可以是罗氏线圈，选择何种传感器主要取决于该位置被测电流的性质。OCT 测量直流时采用分流器作为传感器，测量谐波电流时采用罗氏线圈作为传感器。

图 2-16 中分流器或其他传感器输出的电压信号进入高压侧电子模块，经过滤波电路、放大电路、A/D 转换、电—光转换，再通过光纤传输至控制室模块。控制室模块接收光纤的信号并转换为电信号，处理后送至控制保护系统的现场总线上。高压侧模块的电子电路采用激光供电技术，控制室模块将激光通过光纤传输至高压侧，经过光电转换作为高压侧电路的供电电源。

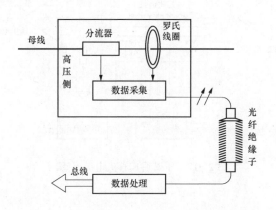

图 2-16　有源光电式直流电流互感器工作原理图

2. 零磁通式直流电流互感器

零磁通式直流电流互感器是用于测量中性线上的直流电流和谐波

电流的宽频带电流测量装置，它由安装于复合绝缘子上的一次载流导体、铁芯、绕组和二次控制箱等部件组成。

图 2-17 中，T3 为屏蔽铁芯，被测一次电流和二次电流作用于该铁芯。T1 和 T2 为两个检测铁芯，W1 绕组和 W2 绕组分别绕在两个铁芯上，这两个铁芯同时受到一次电流和二次电流作用。解调单元产生辅助调制信号，作用于铁芯 T1 和 T2。T1 和 T2 的双铁芯结构以及调制信号用于辅助检测一次电流和二次电流的安匝平衡状态，即铁芯 T3 的零磁通状态。解调单元提取表征铁芯 T3 零磁通状态的控制信号，并提供给反馈放大器 A1，使得 A1 输出的二次电流与被测一次电流达到安匝平衡。二次电流流过负载电阻产生的压降被运算放大器 A2 放大，进而产生输出电压，其大小与被测电流大小成正比。零磁通式直流电流互感器的主要优点是准确度较高，可以很容易达到 0.2 级，缺点是绝缘水平较低，难以实现高压极线上的直流电流测量。

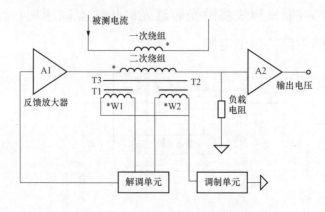

图 2-17 零磁通式直流电流互感器

2.2 互感器试验

互感器是电力系统中变换电压或电流的重要元件，其工作可靠性对整个电力系统具有重要意义。

2.2.1 电流互感器试验

1. 电流互感器的外观检查

（1）检查外壳、套管、接线端子等有无损伤，绝缘油是否缺少，有无漏油的现场，安装是否合格。

（2）校对记录铭牌上的有关文字符号和数据。

（3）检查一、二次端子是否松动和极性标准是否正确。

2. 电流互感器的绝缘电阻测量

测量绕组绝缘电阻的主要目的是检查其绝缘是否有整体受潮或劣化的现象。电流互感器在搬运、保管和运行的过程中，由于机械、电场、温度、潮湿、腐蚀性气体、污秽及绝缘材料老化等因素的影响，均可导致其绝缘性能下降，甚至阻碍电流互感器正常运行。绝缘性能试验的方法有电阻法、介质损耗法和电容法。电阻法是测量电流互感器绝缘电阻和了解电流互感器绝缘情况的重要方法之一，而且简单易行。用绝缘电阻表测量电流互感器绝缘电阻，不仅能了解绝缘潮湿情况，还可以了解电流互感器整体和局部的缺陷，也有利于比较同类电流互感器的绝缘情况。

测量时采用 2.5kV 绝缘电阻表。测量绕组的绝缘电阻与初始值及历次数据比较，不应有显著变化。电流互感器绝缘电阻应满足表 2 - 4 的要求。

表 2 - 4　　　　　　　　电流互感器绝缘电阻测量项目及要求

试验项目	一次对二次绝缘电阻	二次绕组之间绝缘电阻	二次绕组对地绝缘电阻
要求	>1500MΩ	>500MΩ	>500MΩ

3. 电流互感器极性试验

电流互感器的标准极性是减极性，减极性时一、二次电流方向相反，通常在检验误差时用互感器校验已测定。

4. 退磁

推荐使用开路法退磁。方法是选择一次（或二次）绕组中匝数较少的一个绕组通以 10%～15% 的额定一次（或二次）电流，在其他绕组均开路的情况下，平稳、缓慢地将电流降至零。退磁过程中应监视接于匝数最多绕组两端的峰值电压表，当指示值达到 2600V 时，应在此电流值下退磁。

5. 电流互感器误差测量

电流互感器的误差测量使用误差测量装置，利用调压器、升流器调节电流，测量电流点分别为额定电流的 1%（S 级）、5%、20%、100%、120%，二次负荷分别在额定值和下限值，电流从零值开始缓慢上升，依次检测相应电流点的误差，接线图如 2 - 18 所示。

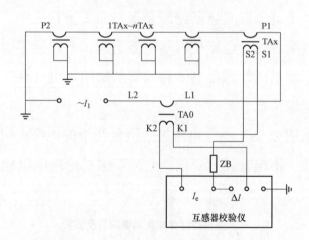

图 2 - 18　电流互感器误差测量接线图

TA0—标准电流互感器；TAx—被检电流互感器；ZB—电流负荷箱；

1TAx～nTAx——次绕组与被检电流互感器—次绕组互相串联的非被检电流互感器

2.2.2 电压互感器试验

1. 电压互感器的外观检查

（1）检查外壳、套管、接线端子等有无损伤，绝缘油是否缺少，有无漏油的现场，安装是否合格。

（2）校对记录铭牌上的有关文字符号和数据。

（3）检查一、二次端子是否松动和极性标准是否正确。

2. 电压互感器的绝缘电阻测量

测量绕组绝缘电阻的主要目的是检查其绝缘是否有整体受潮或劣化的现象。电流互感器在搬运、保管和运行的过程中，由于机械、电场、温度、潮湿、腐蚀性气体、污秽及绝缘材料老化等因素的影响，均可导致其绝缘性能下降，甚至阻碍电流互感器正常运行。绝缘性能试验的方法有电阻法、介质损耗法和电容法。电阻法是测量电压互感器绝缘电阻和了解电流互感器绝缘情况的重要方法之一，而且简单易行。用绝缘电阻表测量电流互感器绝缘电阻，不仅能了解绝缘潮湿情况，还可以了解电流互感器整体和局部的缺陷，也有利于比较同类电流互感器的绝缘情况。

用 500V 绝缘电阻表（适用于额定电压 3kV 以下的电压互感器）或 2500V 绝缘电阻表（适用于额定电压 3kV 及以上的电压互感器）测量各绕组之间和各绕组对地的绝缘电阻。接地电压互感器一次绕组对二次绕组及接地端子的绝缘电阻应不小于 40MΩ，二次绕组对接地端子的绝缘电阻应不小于 20MΩ。不接地电压互感器一次绕组对二次绕组以及对地的绝缘电阻，按额定电压计算每千伏应不小于 10MΩ。

3. 电压互感器极性试验

使用装有极性指示器的误差测量装置可按正常测量接线进行绕组

的极性检查。使用没有极性指示器的误差测量装置检查极性时，应在工作电压不大于5%时进行，用直角坐标指示误差的校验仪如果测得的误差超出校验仪测量范围，用极坐标指示误差的校验如果显示的相位测量值接近180°，则极性异常。

4. 电压互感器误差测量

如果没有特别要求，电压互感器的误差在二次负荷为额定值和下限值。有其他负荷要求的电压互感器，应在指定的负荷下测量误差。0.2级及以下的电压互感器，每个测量点只需测量电压上升时的误差。共用一次绕组的电压互感器的两个二次绕组，应各自在另一个绕组接入额定负荷和空载时测量误差，并按规定接地。接线图如图2-19和图2-20所示。

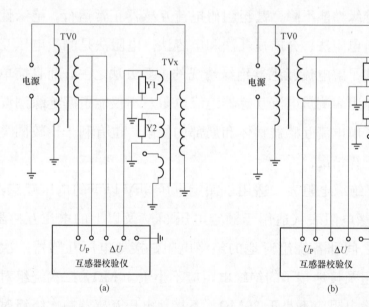

图2-19　用标准电压互感器测量电磁式电压互感器误差的线路

(a) 高端测差；(b) 低端测差

TV0—标准电压互感器；TVx—被检电压互感器；Y1、Y2—电压负荷箱

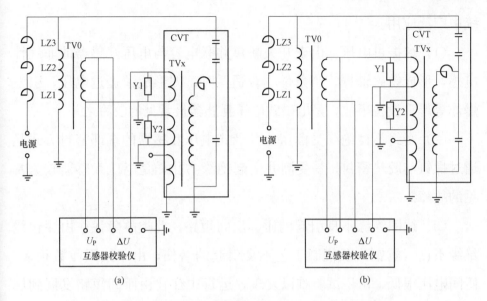

图 2-20　用标准电压互感器测量电容式电压互感器误差的线路

（a）高端测差；（b）低端测差

LZ1～LZ3—谐振电抗器；TV0—标准电压互感器；

CVT—被检电容式电压互感器；Y1、Y2—电压负荷箱

图 2-19、图 2-20 注：高端测差法适用于实验室电压互感器基本误差测量，低端测差法适用于现场电压互感器基本误差测量。

2.3　互感器典型故障案例分析

2.3.1　电磁式电压互感器典型故障

电磁式电压互感器因产品本身的局限性和制造工艺等多种因素的影响，在运行过程中最主要的故障是谐振过电压，也有因密封不良绝缘受潮引起的劣化，线圈绝缘不良引起的匝、层间短路，绝缘支架的损坏，励磁特性不良、穿心螺钉电位悬浮等。随着互感器技术的不断改进和提高，传统的电磁式电压互感器在系统中高电压等级的运用已逐渐减少，但因其结构简单，制造成本较低等优点，在低电压等级系

统中广泛应用。

（1）谐振过电压。由于开关断口并联电容与电压互感器的非线性电感，形成铁磁谐振，当条件"合适"时，即形成谐振过电压，引发爆炸等严重设备事故，是电磁式电压互感器最常见的故障之一。

（2）密封不良绝缘受潮劣化。老式电压互感器的端部密封方式是通过螺钉与胶垫密封，易受潮并引起绝缘劣化，是电压互感器较为常见的故障。

（3）线圈绝缘不良引起的匝、层间短路。此类故障往往由漆包线绝缘不良（露铜）及绕制工艺不良引起的磨伤，由于线圈匝数很多，匝间电压很低，出厂试验难以发现，运行中往往由匝间短路发展到层间及主绝缘击穿。

（4）绝缘支架损坏。串级式电压互感器铁芯具有电位，其对地绝缘由绝缘支架承当，一旦支架绝缘性能丧失，就会导致互感器故障。绝缘支架不良主要是材质和工艺不好造成，表现为介质损耗增大、层压板分层等。

（5）励磁特性不良。老式互感器如 JCC 类型，铁芯截面较小，磁密较高。当系统电压波动铁芯便处于饱和状态。尤其是中性点不接地系统，一旦发生一相接地，另两相电压升高时，就出现爆炸事故。新型互感器由于磁密降低，此类故障大大减少。

（6）穿心螺钉电位悬浮。电压互感器的穿心螺钉一端通过绝缘管与铁芯绝缘，另一端通过螺钉和垫片与铁芯侧面接触，使穿心螺钉一端与铁芯等电位。当绝缘支架处的螺母拧得过紧时，支架推推使铁芯侧面向内压紧，使铁芯与螺钉垫片间形成空隙，造成穿芯螺钉电位悬浮。

案例一　因谐振过电压导致互感器故障

1. 故障描述

某 220kV 变电站 35kVⅠ段电压互感器型号：JDJJ2 - 35Q，额定

电压比 $35000/\sqrt{3}/0.1//\sqrt{3}/0.1/3$，运方为 1 号主变三侧带 35kV I 段空母线及电压互感器运行，电压互感器为三只单相，YN 接线，电压互感器高压绕组中性点经消谐器接地。运行中 35kV I 段三相电压异常，保护报警发 35kV I 段母线接地信号，显示电压为三相电压分别为：A 相 15kV、B 相 31kV、C 相 22kV，停电检查电压互感器对地绝缘电阻、变比、空载、直流电阻均正常。恢复对 35kV I 段母线送电合上主变 301 开关后，保护装置仍然发 35kV I 段母线接地信号，三相电压分别为 A 相 55kV、B 相 56kV、C 相 20kV，现场人员听到压变有异常响声。母线上避雷器的泄漏电流也显示异常，A、B 相显示电流明显偏大，A 相 0.31mA、B 相 0.32mA、C 相 0.16mA。

2. 故障诊断

停电检查电压互感器各绕组绝缘，发现互感器 A 相一次对地绝缘电阻为零，打开 A 相互感器的二次外罩，发现压变的高压尾部 N 桩头和二次绕组的 dn 桩头间有明显的放电痕迹，见图 2-21。

图 2-21　互感器二次端子放电痕迹

原因分析：系统第一次电压异常时为空母线，对地电容主要是母线对地电容和变压器 35kV 绕组的对地电容，由于变压器结构的原因三相对地电容是不平衡的，第一次系统电压异常属于对地阻抗不平衡引起的位移过电压。第二次电压异常 A、B 相达到 2.5 倍的过电压，当系统出现扰动（电压互感器的突然合闸、瞬间单相弧光接地、雷击等）使三相电压互感器的饱和程度不同时，系统出现较高的位移电压，使某一相或两相互感器中励磁电流急剧增大，铁芯饱和，出现谐振过电压。发生谐振时，三相对地电压忽大忽小，通过电压互感器的电流远大于励磁电流，互感器铁芯发出嗡嗡的响声，时间稍长就可能电流过大烧坏互感器。本案例是在互感器的中性点接入消谐器限制谐振过电压，但是互感器饱和后电流大大增加流过消谐器后会在消谐器上产生压降家在互感器末端，一般为数千伏，末端绝缘薄弱就会造成对地击穿。

3. 预防措施

该案例是一起因谐振过电压造成互感器损坏的典型案例，针对这一故障应在今后的设备选型上选用伏安特性好的不易饱和的电压互感器，降低产生谐振的概率；安排运行方式时尽可能避免带空母线合闸，防止谐振跳进啊的形成；发生谐振时可以通过增加一条出线的方式破坏谐振；在系统中性点上接入消谐器或消弧线圈，有效抑制谐振过电压的发生。

案例二 一起受潮引起的电磁式电压互感器故障

1. 故障描述

某变电站 220kV 线路 SF$_6$ 电磁式电压互感器，额定一次电压为 220kV/$\sqrt{3}$，额定气压（20℃）为 0.40MPa，互感器最低运行压力为 0.35MPa，SF$_6$ 电磁式电压互感器结构图见图 2-22。

该互感器投运 2 年后压力下降至报警值，运维人员进行了带电补气，20 日后压力再一次下降并报警，第二次进行了带电补气。15 天后再次出现低气压报警并发生故障，互感器防爆膜破裂，见图 2-23，线路保护动作跳开两侧 220kV 断路器。

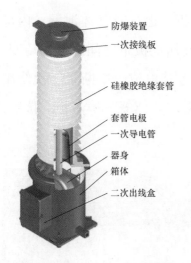

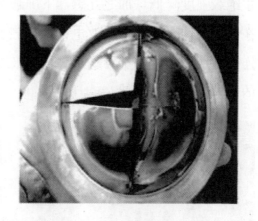

图 2-22　SF₆ 电压互感器结构图

防爆装置
一次接线板

硅橡胶绝缘套管

套管电极
一次导电管

器身
箱体
二次出线盒

图 2-23　互感器防爆膜破裂

2. 故障诊断

故障后，对该互感器更换新防爆膜并进行密封试验。试验结果表明气体年漏气率为 38%，远大于国标 0.5%，存在较为严重的漏气现象。试验发现有 2 个漏气点，一个是绝缘子与互感器壳体法兰相连的螺挂处，另一个是互感器壳体与底部法兰连接处。见图 2-24。

图 2-24　互感器漏气点

解体发现互感器内部高压电极组烧损，连接导线熔断，对互感器一、二次直流电阻进行测试，测试结果与出厂值比较误差在 1% 以内，判断一、二次绕组未损坏。

根据解体并结合事故前的运行情况分析：运行时气体泄漏，内部主绝缘强度降低，加之互感器下屏蔽板与高压电极组之间的电场畸变，在气压降低时发生对地放电，产生较大的短路电流，熔断了一次绕组连接导线，形成一次导线、高压电极屏蔽罩、互感器下屏蔽板（接地）的放电回路。见图2-25、图2-26。

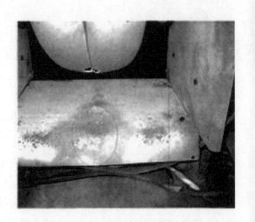

图2-25　一次连接导线熔断　　　　　　图2-26　下屏蔽板击穿痕迹

3. 预防措施

（1）这是一次可以避免的故障，对于SF_6电压互感器的SF_6气体压力监测特别重要，一旦发生气体压力下降报警，不应简单地进行补气，应立刻停电查明漏点并进行相应检修，本次故障发生在气体压力两次降低并补气之后的一段时间，运维人员应该引以为戒。

（2）SF_6电压互感器应严格控制含水量，大量水分可能在设备内绝缘件表面产生凝结水，附在绝缘件表面，从而造成沿面闪络，大大降低了设备的绝缘水平，因此必要时应对SF_6气体的微水含量进行测试。

案例三　一起10kV电磁式电压互感器铁磁谐振故障

1. 故障描述

10kVⅠ段母线C相电压互感器绝缘外壳开裂（见图2-27），C

相电压互感器高压熔丝管爆裂，母线避雷器上桩头搭接部位熔化
（见图 2-28），避雷器计数器玻璃外罩均炸裂（见图 2-29），1015 闸刀
手车动触头及绝缘筒均有不同程度的烧灼痕迹（见图 2-30）。

图 2-27　电压互感器绝缘外壳开裂

图 2-28　避雷器上桩头搭接部位熔化

图 2-29　避雷器、计数器玻璃外罩均炸裂

图 2-30　闸刀手车动触头及绝缘筒上的烧灼痕迹

由此推测，当线路 A 相接地时，B、C 两相相电压升高为线电压
（系统绝缘按线电压所设计，正常情况下电气设备应能承受，允许运行
1~2h），I 段母线 C 相电压互感器被击穿烧毁。接地故障发生在 A
相，而 C 相电压互感器被击穿，推测在 A 相接地故障消除的瞬间很可
能发生了铁磁谐振。

2. 故障诊断

在本次事故中，当线路 A 相发生单相接地，中性点电压 U_0 上升为
相电压，非故障相电压 U_b、U_c 上升为线电压。接地短路电流在三相系

统、C_0 以及接地点之间流动，对非故障相 C_0 充电。当接地故障消失后，非接地相（B、C 相）在故障期间已充的电荷只能通过电压互感器高压线圈经其自身的接地点流入大地。在这一瞬间电压突变（由线电压恢复为相电压）过程中，流过电压互感器的励磁电流急剧增大，使铁芯处于严重饱和状态，其励磁阻抗下降。此时 C 相参数恰好匹配（感抗等于容抗），由此构成铁磁谐振，C 相电压互感器高压侧产生谐振过电压，并在线圈中产生很大的励磁电流，而此时电压互感器高压侧熔丝未能及时熔断，短时间内极大的热效应积累使 C 相电压互感器烧毁。由于大电流的作用，避雷器桩头搭接部位发热以致熔化。在此过程中产生的高温还带来了避雷器计数器玻璃外罩炸裂、动触头及绝缘筒氧化发黑等现象。

3. 预防措施

为了有效防止铁磁谐振事故的发生，加强对电磁式电压互感器的验收和交接试验工作，尤其要保证励磁特性试验的准确可靠，确保三相电压互感器励磁特性的一致性；对需要加装消谐器的电压互感器，使用全绝缘式电压互感器替代半绝缘电压互感器，以提高中性点的绝缘水平；对电磁式电压互感器损坏较为频繁的变电站，使用消弧线圈取代消谐器作为主要的消谐措施。

2.3.2　电容式电压互感器典型故障

电容式电压互感器（简称 CVT）主要是由电容分压器和中间变压器组成的电气设备。

电容式电压互感器因受制造工艺、设计水平等多种因素的影响，在运行过程中的故障主要有：

（1）电磁单元变压器二次绕组失压故障。

1）从绝缘上分析，可能导致二次绕组全部失去电压故障原因是电磁单元一、二次绕组匝间短路或匝间绝缘不良；过电压导致电磁单元一、二次绕组绝缘损坏或击穿；过电压导致分压电容器 C_2 击穿短路接地等。

2）从 CVT 的结构上分析，原因可能是：电磁单元一次引线断线或接地；与电磁单元一次绕组并联的避雷器 F 击穿导通；电磁单元烧坏或受潮等其他故障等。

（2）电容量变化造成的故障。

1）二次电压异常，某相或几相电压降低，开口三角电压异常升高，保护可能误发信号。故障轻微时 CVT 外观可能无异常，也无异声。故障发展严重时可能导致电容器击穿爆炸。

2）由于分压电容器中某几个电容击穿，使相互串联的电容数量减少，导致分压电容 C_2 增大，从而使二次输出电压比正常的低。

3）制造质量不佳导致铁芯气隙变化。由于运输、安装等原因导致阻尼器中电感的铁芯松动，改变了铁芯气隙距离，使阻尼器的调谐工作条件遭到破坏，相当于辅助二次绕着产生了一个很大负荷，导致输出电压下降。

4）由于弹性铜片与电抗线圈连接处螺钉松动也容易引起二次侧电压下降的现象。

（3）电磁单元受潮的故障会引起二次绕组绝像异常偏低，N 端子绝缘电阻异常偏低。故障原因可能是：

1）二次接线盒内绝缘板受潮，导致二次绕组绝缘为零。

2）电磁单元内二次绕组引线或 N 端子引线线芯碰触油箱外壳或其他接地部分。

（4）其他故障的分析处理。

1）安装错误引起谐振故障。现场有多组 CVT 安装时，未按照厂家装配调试匹配好的进行安装，导致互感器的耦合电容及分压电容与中间变压器组合不当而产生铁磁谐振。

2）由于CVT渗漏油引起受潮，绝缘性能下降，电气试验中反映为介质损耗超标，严重时可能导致爆炸。

案例一　由厂用电率变化分析，计量用电压互感器绝缘故障

1. 故障描述

某公司在进行3月份的经济分析时，发现一期的厂用电率较2月份提高了约0.5%，而二期的厂用电率却下降了0.3%左右。于是就对一、二期用于计量的500kV母线电压进行了查看，通过观察SIS系统的数据及曲线发现，从3月上旬开始，二期500kV ⅢA母线电压比二期ⅣA母线高约3kV，比一期的ⅢA母线高约5kV。

同时对500kV ⅢA母线电压互感器进行了红外成像测温，其数据见表2-5，根据DL/T 664—2008《带电设备红外诊断应用规范》中500kV膜纸电容式电压互感器的相间允许温差为0.6K，可以看出Ⅲ段母线电压互感器C相的下两节温度明显偏高，而且与其他相相比温差超出了0.6K的允许值，而Ⅳ段母线电压互感器各相之间的温差却很小。

表 2-5　　　　　　　　　　　　　红外测温数值　　　　　　　　　　　　　　K

Ⅲ段母线电压互感器				Ⅵ段母线电压互感器			
A	B	C	差值	A	B	C	差值
31.1	31.2	31.4	0.3	31.4	31	31.2	0.4
31.6	31.6	32.2	0.6	31.5	31.5	31.4	0.1
31.6	61.7	32.5	0.9	31.2	30.8	30.7	0.5

初步分析，除了设备自身误差以及网损以外，不排除设备故障的可能。为保证设备的安全运行，避免事故的发生，决定对500kVⅢ段母线电压互感器进行停电检查。

2. 故障诊断

（1）常规试验。对500kVⅢ段母线电压互感器停电进行了介质损耗、电容量、直阻、绝缘电阻等试验项目，其中 A 相 C_{13} 电容量数值略大，与交接试验数据误差达 3%，超过规程要求的 ±2%，详见表 2 - 6。其他试验数据未见异常（试验数据略）。

表 2 - 6　　　　　　　　电压互感器 C_{13} 试验数据比对

A			B			C		
试验值	原始值	误差	试验值	原始值	误差	试验值	原始值	误差
18610	18060	3%	18320	18130	1%	17720	17850	−0.7%

（2）精度试验。$0.8U_N$ 电压下比差的检查结果为 A 相的比差为 1.1%，B 相的比差为 0.37%，C 相的比差为 1.07%，均远超过了标准值，在进行 $1.0U_N$ 电压的比差测试时，因受试验设备容量限制，电压无法达到这一数值，试验未能完成。为排除现场干扰因素的影响，对准备换上的新电压互感器进行了比差、角差试验，结果 $0.8U_N$ 电压下的比差、角差与交接及出厂数据基本一致，$1.0U_N$ 电压下的比差、角差试验也能完成，结果也与交接及出厂数据基本一致，说明旧电压互感器确实存在问题。从试验数据和故障现象看，介质损耗及电容试验电压是 10kV，电压较低时没有发现问题，而比差、角差试验电压为 $0.8U_N=230kV$ 和 $1.0U_N=288kV$，电压很高，故检测出了设备故障，故障原因可能为电压互感器有部分电容单元被击穿（在高电压时），电容单元被击穿后，阻抗减小，电流增大，这就是为什么旧电压互感器在做 $1.0U_N$ 的比差、角差试验时试验设备容量不够，无法做，而新电压互感器可以做 $1.0U_N$ 的比差、角差试验的原因，运行中电压偏高，试验时比差为正误差，所以被击穿的电容单元应在 C_1 部分，具体位置在设备返厂解体后才能确定。

（3）返厂解体。将红外温差较大的 C 相返厂解体，进行了整体试验以及电磁单元拆分后的分体试验，见表 2 - 7 及表 2 - 8。

表2-7 整 体 试 验

部位	$C_x(\mu F)$	$\tan\delta(\%)$	测试电压(kV)
C_1	0.01769	0.867	2
C_2	0.1118	0.062	2
总 C	0.01558	0.036	10

表2-8 分 体 试 验

部位	$C_x(\mu F)$	$\tan\delta(\%)$	测试电压(kV)
C_1	0.01768	0.871	2
C_1	0.01788	0.245	10
C_2	0.1118	0.057	2
总 C	0.0154	0.221	10

从表中可以看出，精度试验后 C_1 的介质损耗因数 $\tan\delta$ 数值超过了预试规程中的注意值 0.2，除了测量误差外，可能是在做精度试验过程中，设备的故障点有所扩大所致。从表2-8可以看到 C_1 在先后用 2kV 和 10kV 两种电压测试时，电容量在 2kV 时小，而在 10kV 时变大，而介质损耗因数 $\tan\delta$ 的变化刚好相反，说明 C_1 中的故障电容元件在 2kV 时还未完全被击穿，故此时电容量较小，而故障元件引起的介质损耗因数 $\tan\delta$ 较大；C_1 中的故障电容元件在 10kV 时完全被击穿，故此时电容量变大，而故障元件所引起的介质损耗因数 $\tan\delta$ 变小。

（4）根据电容量的变化，计算击穿元件的数量。

从表2-8可以看出在测试电压为 2kV 时，C_1 的电容量为 $0.01768\mu F$，与出厂时的 $0.01777\mu F$ 相比变化不大，但在测试电压为 10kV 时，C_1 的电容量为 $0.01788\mu F$，出现了较大变化，说明电压在较高时元件发生了击穿，这也是为什么在现场第一次介质损耗和电容量试验没有发现问题的原因。该电容式电压互感器 C_1 部分由 133 个电容元件串联而成，C_2 部分由 21 个电容元件串联而成，因为元件击穿后，互感器显示的电压变高，所以击穿的元件在 C_1 部分。

如果 2 个元件击穿，则：133/131＝1.015727。

如果 1 个元件击穿，则：133/132＝1.007576。

击穿前后的电容比为：0.01788/0.01777＝1.0062，接近 1.007576，所以估计为一个元件击穿。

（5）解体解剖情况。从试验数据可看出，电磁单元部件按出厂试验项目检查，全部通过，数据正常。下节从测试结果来看，可能有一个元件击穿，造成电容变化、损耗变大，为了进一步查明原因，决定对下节进行解剖分析。开盖吊心后，对每个元件施加 2.5kV 的直流电压，发现从心子上部往下数第 81 个元件击穿，其余元件正常。随后对该击穿元件逐层进行解剖，发现在引线片附近铝箔部分断裂引起绝缘击穿。击穿元件损坏情况见图 2-31、图 2-32。由于铝箔部分断裂，造成铝箔导电面积减少，在电压、电流的长期作用下，出现过热，致使绝缘击穿。造成铝箔部分断裂的原因是操作工在卷制元件的过程中，在插引线片时，不小心将铝箔碰坏，造成铝箔有部分断裂。

图 2-31 绝缘击穿位置

图 2 - 32 绝缘击穿

3. 预防措施

（1）通过对设备的状态分析，发现设备异常后，不能简单地就下结论，需要进行多项试验进行佐证，以免发生误判断。

（2）状态监测是状态检修技术的核心。设备检修的目的是消除设备故障或隐患。状态监测的主要效果在于设备缺陷的及时发现、避免设备事故。目前，绝大多数的发电厂都具有一套比较完整的监测系统，主机及重要辅机的很多参数都经 SIS 系统供所有人员共享。设备管理人员只要对这些数据定期的认真观察和分析，就会发现设备的隐患和缺陷。本案例通过母线电压的变化发现 500kV 电容式电压互感器的故障过程，值得其他发电厂设备管理人员的学习和借鉴。

案例二　电容式电压互感器电磁单元发热故障

1. 故障描述

2012 年 8 月，在红外测温巡检中发现 500kV 某变电站 2 号主变压器 35kV 侧 A 相电磁单元过热（最高温度 A 相：36.65℃；B 相：28.97℃；C 相：28.77℃；环境温度：21℃；湿度：65%），设备型号：TYD35$\sqrt{3}$ - 0.02FH。详细图谱见图 2 - 33。

现场对 35kV 电压互感器外观及油箱油位进行了停电检查，A 相

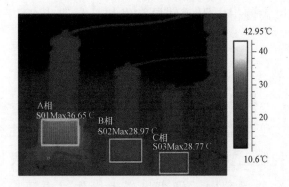

图 2 - 33　35kV CVT 电磁单元发热红外图谱

无明显放电痕迹，且油位正常。现场对 35kV 电压互感器外观及油箱油位进行了停电检查，A 相无明显放电痕迹，且油位正常。由此可表明系统的一次电压并无异常。

2. 故障分析

阻尼器是电容式电压互感器内部电路中防止串联回路中分频谐振或高频谐振必不可少的重要元件，但如果互感器运行电压出现较大的操作过电压时，电压的峰值可击穿阻尼器单元中的电容元件 C，使得阻尼电路中电抗 L、电容 C 并联工频谐振条件破坏，阻尼器流过的工频电流剧增。从而使得电磁单元温度升高。可以采用合适的电路检测阻尼器的谐振电流来判断各元件的完好性，因互感器的阻尼器和二次剩余绕组并联于电磁单元油箱中，检测谐振电流的方法必须打开互感器下部电磁单元油箱。由于阻尼器的额定工作电压即为互感器的二次剩余绕组输出电压，为交流 100V，因此可直接使用滑刷式 220/250V 型调压器 TR 进行变压，测量出电容元件故障时阻尼器伏安特性曲线电流值随电压增加而迅速增大，额定电压交流 100V 值时电流达 6.3A。更换合格的电容元件后，阻尼器伏安特性曲线电流值随电压增加而增速平缓，形成明显并联谐振电路特性，额定电压交流 100V 值时电流为 0.32A，阻尼器电阻元件 R 的阻值为 10Ω，因此阻尼器电容元件故障后回路电流过大使得电阻元件异常发热，是造成CVT电磁单元过热的主要原因。

3. 预防措施

在超高压、大容量的电网中的无功补偿装置并联电抗器和电容器组集中安装在主变压器低压侧母线上，用于补偿容性充电功率或吸收无功功率，控制无功潮流，以稳定电网电压。在投切无功补偿装置电抗器或电容器过程中，母线将产生操作过电压，过电压传递到互感器二次剩余绕组，会导致并联在剩余绕组的阻尼器电容元件击穿损坏。

阻尼器是电容式电压互感器防分频或高频谐振重要的装置，一般由电容器元件和电抗器元件并联组成，在正常运行条件下，呈工频并联谐振状态，但当电容元件受操作高电压击穿损坏后，工频谐振条件破坏，流过阻尼器的工频电流激增，造成电容器电磁单元发热。

对运行中带电设备进行精确红外诊断是电力设备状态评估和带电诊断行之有效的技术手段和重要方法。能够发现设备的先期缺陷，避免缺陷发展成设备停电事故，保障电网的安全运行。

案例三 电容式电压互感器在运行中二次输出电压变小故障

1. 故障描述

某公司在电网正常运行的条件下，值班员发现110kVⅡ号母线保护断续发出"TV断线"异常信号，仔细检查测量发现110kVⅡ号母线电压互感器C相二次电压偏低，母线电压互感器外部检查未发现异常。值班员再次检查Ⅱ号母线电压互感器时听到C相内部有放电声响。

对故障设备隔离后进行了诊断试验，通过对该台CVT取样分析发现C相油样异常（见表2-9），各种特征气体含量均严重超标，且油中

含有大量 C_2H_2，表明内部有严重的电弧放电现象；由于 CO、CO_2 含量相对数值不大，可以判断故障部位不是绕组或铁芯，应该在接头或引线部位。

表 2 - 9　　　　　　　　　　　　**C 相油样分析结果**　　　　　　　　　　μL/L

设备名称	H_2	CH_4	C_2H_6	C_2H_4	C_2H_2	总烃	CO	CO_2
2 号 CVT(C 相)	12637	5376.5	4329.6	15066.2	48024.3	72796.6	4765.0	5127

检测结论：

2 号 C 相：编码 202，低能放电，氢气产气量超出 150，乙炔产气量超出 3，总烃产气量超出 100

2. 故障诊断

设备解体后发现电磁单元变压器至分压电容器之间的连接引线因过长，在装配时引线绝缘断裂，如图 2 - 34 所示，对箱体的绝缘降低，运行一段时间变压器油绝缘降低时造成对地放电，放电没有造成一次引线的彻底断开，炭化的绝缘连接烧损的引线，在电路中有分压作用，所以该台 CVT 在运行时出现电压偏低而不是完全失电。

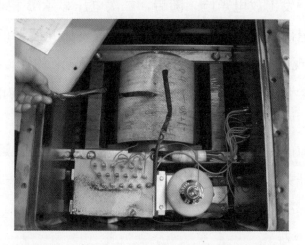

图 2 - 34　电磁单元变压器至分压电容器之间的连接

3. 预防措施

生产厂家提高生产工艺和产品质量，严把出厂试验和外协件的质量关，确实有效的防止类似故障的发生；试验人员应提高技能水平，改进试验方法，确保试验方法正确、数据准确，有效的对设备状态进行监督，对故障应根据各专业的分析进行综合判断；运行人员应加强巡视，当设备出现异常时能作出正确的判断和处理，保证电网安全稳定的运行。

案例四　500kV 电容式电压互感器球隙放电故障

1. 故障描述

一台 500kV 电容式电压互感器，型号：TYD-500，运行巡视过程中听见 B 相二次端子盒内有噼啪的放电声，同时，发现主控室监控保护信号屏发出 TV 二次断线光字牌，三相电压有不平衡现象。录波器显示二次电压值为 $U_a=83.44V$，$U_b=93.37V$，$U_c=79.17V$（峰值）。

将电压互感器转为检修状态后，打开二次端子盒，发现放电部位为球隙。检查二次的绝缘良好，将球隙打磨后调整后即投入运行，监控系统三相电压显示正常。运行三个小时后，在电压互感器 B 相油箱观察孔附近，发出放电声响，随后，二次电压显示 B 相电压为 0，将电压互感器退出运行，进行电气试验。测量电压互感器的分压电容器的电容量发现第四节分压电容的电容量由原来的 19620pF 下降为 1966pF，电容量变化幅度达到 -9%，其他各节电容量均正常。判断为第四节电容短路。

由于球隙的一端由 J 引出至架构上的结合滤波器，运行时该滤波器被一隔离开关短接，即球隙是处于短路状态，为了进一步明确球隙放电的原因，决定对该电压互感器进行解体。

2. 故障诊断

对该电容式电压互感器解体后，发现 C_2 上端引至油箱内避雷器的引线对油箱上盖的螺栓放电，如图 2-35 所示。

测量避雷器的绝缘电阻为 0Ω，用万用表测量为 2kΩ，中间变压器

图 2 - 35　避雷器引线对顶盖螺栓放电

一、二次绝缘电阻 500Ω，且中间变压器至补偿电抗器回路无断线，外观检查无任何过热放电痕迹。但整个油箱内的绝缘油碳化严重，颜色呈黑色，内部二次端子排连接处有明显过热现象，球隙在第一次打磨后又出现新的放电痕迹。该电容式电压互感器的阻尼电阻由速饱和阻尼器与一个电阻为 7.5Ω 的电阻串联而成。电阻的阻值与阻尼器绝缘均正常。

3. 预防措施

这台电容式电压互感器内部的结构缺陷是导致本次故障的直接原因，从 C_2 端部引下至避雷器的引线由于离顶盖固定螺栓较近，正常工作时就容易形成尖端放电，而设备的接地是否良好对运行设备尤其是电压互感器亦起着至关重要的作用，失地后出现零电位飘移，并伴随着高频振荡加剧了放电的产生，最终导致故障。

案例五　电磁单元油箱顶部法兰密封不良，绝缘下降，中间变压器击穿故障

1. 故障描述

变电站"110kV 副母线保护失压"，经过检查发现该站 2 号主变压器保护屏发"中压侧 TV 断线"信号；110kV 母线差动屏发"报警""TV 断线"信号；运行于副母线上的各断路器均发"TV 断线"信号。检修人员现场测量了 110kV 副母电压互感器端子箱各相保护用、计量用空气开关上、下桩头对地电压，发现 B 相上、下桩头对地电压均为零，A、C 两相电压正常。试验班对电压互感器电磁单元进行了红外精确测温检查，B 相电压互感器电磁单元温度为 35.6℃，A、C 两相电磁单元温度为 29.3℃，温差高达 6.3K，判断 B 相电压互感器故障，随即停电做进一步检查。B 相电压互感器为电容式电压互感器(CVT)，采用户外式瓷套外壳，设备型号为 TYD110/$\sqrt{3}$ - 0.02H，额定总电容 0.02μF。

2. 故障诊断

对 B 相 CVT 进行解体。打开电磁单元油箱顶部法兰，闻到一股绝缘油过热气味，内部结构如图 2-36 所示，油箱内壁靠近法兰四周布有锈迹，见图 2-37，油箱内各元件上布有一层薄薄的灰色泥状物见图 2-38，取上述泥状物置于烧杯中，发现会遇水溶解，只剩下少量白色絮状物。检查电磁单元油箱顶部法兰密封情况，发现电磁单元金属密封面，因密封橡胶圈雨水水解出现多处颜色明显发黑痕迹，见图 2-39。

图 2-36 电磁单元内部结构

图 2-37 电磁单元油箱内壁有锈迹

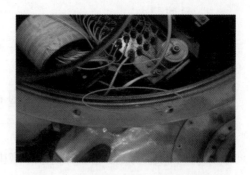

图 2 - 38　电磁单元内有一薄层泥状物　　　　图 2 - 39　密封圈凹槽多处颜色发黑

　　将电磁单元内单元取出，发现中间变压器一次绕组塑料薄膜绝缘材料已经熔化收缩，见图 2 - 40，电容单元引至电磁单元分压引线部位的绝缘纸板和塑料薄膜已经碳化发黑，见图 2 - 41，将一次绕组解体，一次绕组内部绝缘材料已大面积碳化发黑，见图 2 - 42。

图 2 - 40　塑料薄膜已经熔化收缩　　　　图 2 - 41　一次绕组已大面积碳化发黑

图 2 - 42　靠近引线处绝缘纸板及塑料薄膜碳化发黑

3. 预防措施

根据解体结果，判断"TV 断线"主要原因与电磁单元中间变压器一次绕组绝缘击穿有关。

案例六 一台 TEMP‑220H 型 CVT 阻尼电阻损坏故障

1. 故障描述

试验人员对该设备进行正常停电检修，在打开该电压互感器二次接线盒后，发现并接于二次绕组 a‑n 两端的阻尼电阻外观不太正常，经检查其外部开裂，电阻管表面釉质融解。外观情况见图 2‑43。

图 2‑43 阻尼电阻外部开裂，电阻管表面釉质融解

将该阻尼电阻拆卸下来进行阻值测量，测得值为 2400kΩ。根据原始技术资料和以往试验数据，该阻尼电阻应为 3Ω 左右，判断该电阻

已被烧毁。

2. 故障诊断

对该电阻的固定底板和支架观察，底板存在过热变色的迹象，分析认为该电阻长时间流过的电流超过自身允许值而导致过热损毁。

根据现场二次接线来看，该电阻通过一放电管并接与 a-n 绕组的两端，经测量该放电管绝缘电阻为零，处于导通状态，在二次绕组额定电压下已不能有效地起到间隙的作用，因此在工作状态下，该电阻相当于直接并接于二次绕组两端，在 100V 二次额定电压的作用下长时间过流而导致过热损坏。

放电间隙一般情况下不会自行损坏，大多由于二次开路或其他干扰因素造成保护间隙连续火花放电。因多次放电，在放电间隙之间形成导通回路，阻尼电阻较长时间通流发热所致损坏。

另外，在中间 TV 发生谐振时，磁饱和器速饱和，阻抗急剧下降，电压几乎全部加在阻尼电阻上，电阻所消耗的功率达 1000W 以上，如果时间较长，也会造成阻尼电阻烧伤。

3. 预防措施

电容式电压互感器的阻尼电阻对电压互感器的安全稳定运行起着很重要的保护作用。在常规试验中，除对主设备 C_1、C_2 进行电器试验外，还要重视对放电间隙放电电压（一般应大于 2500V）和阻尼电阻电阻值的测试。一旦发现阻尼电阻损坏或阻值变化超过制造厂的允许范围时，应立即停止使用，将其更换；在运行中采取措施防止操作过电压，不要使二次短路，以免因短路造成保护间隙连续火花放电，减少 CVT 自身铁磁谐振的诱发因素；对国产的 CVT 在日常运行中更要注意观察阻尼电阻的工作状况，阻尼电阻是否正常可通过红外测温和观察其颜色变化进行分析判断。如有异常，应果断将其停运，测试其电阻值，再结合其他试验综合判断该电阻是否还可以继续使用；在对

CVT 进行电容介质损耗试验时，由于在辅助绕组上加压，为了减少试验电源容量同时避免阻尼电阻损坏，建议在进行试验前将阻尼电阻拆除。

2.3.3 电流互感器典型故障

油浸式电流互感器典型故障有：顶部绝缘包绕松紧不均、外紧内松、绝缘纸皱褶，电容屏错位、断裂，以及绝缘干燥和脱气处理不彻底等。

油浸倒置式电流互感器典型故障有：顶部绝缘包绕松紧不均、外紧内松、绝缘纸皱褶，电容屏错位、断裂，以及绝缘干燥和脱气处理不彻底等。

充气式电流互感器典型故障有：绝缘击穿、内部放电、瓷套断裂、气体泄露、气体受潮等。

案例一　互感器运行中二次接线盒处严重渗油，二次端子烧损故障

1. 故障描述

某变电站 110kV 电流互感器，型号 IOSK123，巡视中发现二次接线盒处严重渗油，为防止电流互感器二次短路，造成事故扩大，现场立即停电进行了进一步检查。

2. 故障诊断

打开二次端子箱，发现接线端子 2S1 - 2S2 上部烧损，见图 2 - 44，塑料端子排烧熔滴落，导线外护套烧熔，互感器二次绕组引出环氧树脂密封处烧熔，导致互感器内部油由此渗漏，见图 2 - 45。初步分析，由于二次接线端子 2S1 - 2S2 端子上部连接线接触不良，导致在运行过程中发热，塑料端子排烧熔，热量传导至互感器二次绕组引出环氧树脂密封处，引起环氧树脂密封处烧熔、渗油。

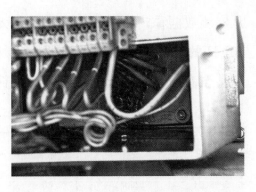

图2-44　二次端子烧损　　　　　图2-45　二次绕组引出环氧树脂密封处烧熔

3. 预防措施

倒置式电流互感器因用油少，运行维护量小，已在现场得到广泛使用。正因其用油量少的特点，所以任一处渗油，都应引起高度重视，倒置互感器现场发生二次渗油现象，还是比较少见的，本例故障通过红外检测，应能及时发现。

案例二　电流互感器变比误差故障

1. 故障诊断

某电厂1号机组在电气总启动短路试验过程中发现500kV气体绝缘（GIS）的8组电流互感器中大部分互感器的变比误差较大，因此立即停运，进行了现场测试分析。

2. 故障诊断

主变压器变比为525kV/20kV，容量为370MVA。将500kV GIS母线侧三相短路，发电机电流升至额定值，测量一次短路试验电流为375A，且三相平衡。接着测量发电机电流互感器、主变压器500kV套管和主变压器中性点电流互感器二次电流均为正常。在机组保护屏、线路保护屏、组合电器汇控柜和电流互感器二次接线端子处测量GIS 8组共24只电流互感器，发现二次电流值均异常。GIS互感器二次电流测量值见表2-10。为了排除二次回路的影响，把电流互感器二次接线全部甩开并将电流互感器二次端子短接，测量结果与原测值基本相同。

从实测数据看，装置的 24 只电流互感器中除 22LH、23LH、24LH 和 25LH 的 C 相电流互感器误差较小外，其余各组电流误差均很大，有些甚至高达 70%，而且没有规律可循。

表 2-10 组合电器互感器二次电流测量值

电流互感器编号	变比	二次标准值	实际测量值		
			A 相	B 相	C 相
18LH	1250/1	0.30	0.161	0.119	0.181
19LH	1250/1	0.30	0.161	0.120	0.183
20LH	2500/1	0.15	0.078	0.045	0.079
21LH	2500/1	0.15	0.077	0.051	0.083
22LH	2500/1	0.15	0.086	0.083	0.146
23LH	2500/1	0.15	0.086	0.083	0.143
24LH	1250/1	0.30	0.172	0.176	0.304
25LH	1250/1	0.30	0.172	0.176	0.297

通过以上测量可知，500kV 侧一次短路试验电流三相平衡，且测量过程中断开二次回路并将电流互感器二次短路，因此可以排除二次回路的问题。电流互感器在安装前做过变比试验且全部合格，多只互感器在安装过程中同时损坏的可能性应排除。由于各组电流误差很大且无规律，为此只能从 GIS 电流互感器的安装结构上找问题。检查互感器的安装情况，气室壳体的金属结构穿越互感器铁芯有两种情况：一是经过 GIS 连接导体形成环绕铁芯的闭合回路；二是经过 GIS 构架接地，通过地线形成闭合环路，发现这是造成电流互感器误差的根本原因。为完全弄清 GIS 安装的 8 组电流互感器变比误差不一的原因，又做了互感器的变比特性试验。给电流互感器分别加上导体截面不同的短路环，试验发现电流互感器的变比误差随短路环截面积的不同而不同，截面积增大，误差也增大。GIS 8 组互感器法兰连接及构架接地电阻相当于电流互感器短路环的截面积，接地电阻不同相当于短路环的截面积不同，所以各组电流互感器变比误差就不相同。

3. 预防措施

电流互感器的实际电流变比决定于互感器一、二次线圈的匝数比，电流互感器在安装过程中需要保证电流互感器的规定运行状况。利用金属件来固定电流互感器，并且这些金属件对互感器闭环铁芯来讲构成了闭环电路，就等于破坏了互感器的运行状况，因此在安装过程中必须注意，采用相应措施避免这种情况的发生。

案例三 盆式绝缘子闪络，主绝缘击穿故障

1. 故障描述

某 220kV 变电站运行中发生断路器跳闸事故，经查间隔内 220kV SF$_6$ 电流互感器 B 相一次绕组对地绝缘电阻为 0Ω，主绝缘击穿。

2. 故障诊断

设备解体检查发现：支撑二次绕组的盆式绝缘子严重烧损，烧出一个大洞，从外看直径约 100mm，从里往外看直径约 150mm。在烧穿大洞周围有 3 条横向裂纹和 1 条纵向裂纹，见图 2-46；盆式绝缘子烧穿的大洞对应位置的二次引线屏蔽铝管导电杆，从上往下 200mm 处烧穿 2 个直径约 5mm 的孔；2 个二次绕组（母差保护用）被烧损，烧损部位正好在二次引线引出孔处见图 2-47；在均压帽内部有大量烧毁的碳化物，为盆式绝缘子的烧损物；一次导体电镀层变黑，防爆阀完好，没有动作。

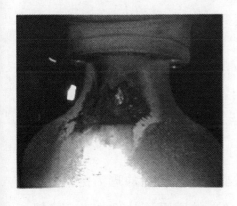
图 2-46 被烧出大洞的盆式绝缘子

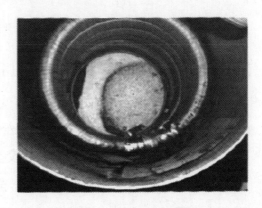
图 2-47 烧损的二次绕组

从以上解剖情况看，故障是盆式绝缘子内表面发生爬电引起闪络，进而烧穿盆式绝缘子，并从内表面烧出到外表面，最后从高压到地形成放电通道，同时在二次引线引出孔处烧损 2 个二次绕组引起的。盆式绝缘子作为电流互感器的绝缘和支撑部件，具有无介质损耗、局部放电小、抗弯性能好等优点，但存在本身电容量小的缺陷，易导致不同层面承受的电场不均匀。盆式绝缘子在生产过程中也存在工艺的分散性，部分局部含有气泡或杂质的缺陷盆式绝缘子投入使用后，缺陷部位容易被击穿。另外，产品装配过程也会引起盆式绝缘子损伤，而损伤在电气试验时又难于发现，运行一段时间后就可能因内部电场的变化等原因引起闪络，导致故障。

3. 预防措施

SF_6 气体绝缘电流互感器的优点明显，现场检修维护量小，但同时，现场也没有特别有效的前期故障检测手段，只能借助厂家对质量工艺的严格控制，和出厂检测手段的完善，任何原材料、原配件存在的细小缺陷以及制造工艺过程中的微小疏漏都可能在现场造成较大事故隐患。

2.4 传统互感器检定结果异常分析及处理措施

2.4.1 互感器校验仪误差测量原理及异常结果诊断措施

互感器误差测量，目前广泛采用测差法，将标准和被测互感器二次电流或电压之间的差流或差压输入校验仪，与二次电流或二次电压所产生的电流或电压进行比较，由差流对工作电流或差压对工作电压的比值的同相分量读出比值差，正交分量读出相位差。

如图 2-48 所示，以电流互感器校验仪误差测量原理为例，分析高压互感器现场基本误差测量异常结果产生的原因。对照电流互感器校

验仪误差测量矢量图，通过有条件的简化，得到电流互感器比值差计
算公式、相位差计算公式

$$f = \frac{I_x - I_0}{I_0} \approx \frac{\Delta f}{I_0} \tag{2-5}$$

$$\delta = \arctan \frac{\Delta I_0}{I_0 + \Delta I_f} \approx \frac{\Delta I_0}{I_0}(\text{rad}) \approx \frac{\Delta I_0}{I_0} \times 3438' \tag{2-6}$$

分析式（2-5）、式（2-6）很容易
得到：

（1）当被检电流互感器极性反或被测
二次回路测量接线接反，即 $I_x \approx -I_0$，则
$\Delta I_f \approx -2I_0$，得比值差 $f \approx -200\%$。

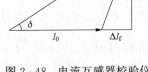

图 2-48　电流互感器校验仪
测量矢量图

（2）当被检电流互感器被测二次回路开
路，即 $I_x \approx 0$，则 $\Delta I_f \approx -I_0$，得比值差 $f \approx$
-100%。

（3）当变比接错，比值差 $f > 3\%$。

2.4.2　电磁式电压互感器超差原因分析及处理措施

从结构上来说，电磁式电压互感器如果没有绝缘故障，误差不应
该有太大变化而超差，因此发现电磁式电压互感器超差时，应重点分
析检定接线是否符合要求。

措施一　改变二次负荷，观察误差的变化是否正常

根据电磁式电压互感器的工作原理和设计原则，上限负荷与下
限负荷的误差变化应接近等于误差限值的 1～1.5 倍。如果不符合这
一规律，应检查负荷箱是否正常。可以用互感器校验仪的导纳挡测
量负荷，也可以用直流电阻表测电阻，检查测量值与理论值的一致
程度。

措施二　检查高压引线，是否有连接故障

高压引线如果接触不良，有时也会引起异常误差，一般情况下，接触压降如果过大，会发生放电击穿现象，故障自动消失。但如果一次电压不够高，可能不发生击穿，这时会影响误差测量结果。检定人员可以用电阻表测量回路电阻，如果是高压引线接触不良，可以重新接触排除故障。

措施三　二次引下线故障

如果二次电压不是从互感器本体的接线端子盒引出，可以改接到互感器本体端子盒再测量误差。发生这种情况是由于二次引下线中间可能装有开关和保护装置，退出运行后保护装置动作并接入保护元件，进行误差试验时保护元件产生负荷电流，使误差异常，开关长期使用后会发生接触不良的现象，当接入电压负荷时压降显著增加，且满载时会使误差异常偏负。因此，不得在二次汇控柜接线。

措施四　互感器校验仪故障

测量电压互感器误差的过程中，发现误差示值异常时，包括误差很小或很大或违背误差特性曲线，应检查互感器校验仪是否正常。现在大量使用电子式校验仪，这种校验仪在发生故障时，也可以有误差指示，这是需要更加关注的。检查的方法是改变二次负荷，观察误差变化大小和方向是否合理。必要时还可以用数字电压表的 mV 挡测量差压与误差显示值是否一致。

措施五　二次回路多点接地

现场测量电压互感器误差时宜采用低端测差法原理接线。二次回路的连接应当先用导线完成设备间的连接，然后再选择在被检互感器一点接地，此时互感器校验仪不得接地，否则两个接地点之间的差电压就会叠加到测量回路，最后出现在差压端，使误差发生异常。如果检流计或误差示值不稳定，往往是多点接地造成的。还有，如果把标

准器和被检互感器的二次非极性端同时接地，就会把差压短路，没有误差电压输出。

措施六　被检电压互感器一次绕组接地不良

当被检电压互感器一次绕组接地端由于安装或检修试验后未拧紧，会造成一次绕组接地不良，从而增加被检电压互感器接地电阻，存在接入电压负荷时压降显著增加，且满载时会使误差异常偏负。因此，在基本误差测量前应检查被检电压互感器一次绕组接地的可靠性。

2.4.3　电容式电压互感器超差原因分析及处理措施

措施一　分压电容器与电磁单元没有配合安装使用

电容式电压互感器的分压电容器允许有 5% 的制造误差，因此不能交换。出厂调校时的误差是根据每节分压电容器的位置与编号固定的条件下测量得到的，如果更换了其中一个或多个元器件，误差与出厂值就有不同，会超差。

措施二　载波通信端子没有接地

电容式电压互感器的分压电容器有时需要兼作载波通信的耦合电容器，电容分压器 C_2 的末端 J 需要通过载波装置接地，检定时载波装置退出后如果没有把 C_2 接地，就会发生误差异常。需要把载波装置的接地开关合上。

措施三　电磁单元的调试开关没有合到正确位置

为了方便电容式电压互感器的交接试验和预防性试验，部分产品，特别是国外生产的产品在电磁单元使用了调试开关，通过调试开关可以把分压电容器、补偿电抗器、中压变电器从电路中分离。如果开关没有处于正确位置，电磁单元工作不正常，误差会有异常。

措施四　电容分压器内部有电容芯子短路

分压电容器内部有数百个电容芯子串联，部分电容芯子绝缘失效会形成短路或局部短路。发生这种情况虽然不影响绝缘，但会使电容式电压互感器有比较大的误差，有时还会发生电压上升和下降时误差变化很大的现象。

措施五　负荷特性很差

调试正确的 0.2 级电容式电压互感器，置额定负荷与下限负荷时误差的变化一般不超过 0.3%，如果变化异常，往往是补偿电抗器的参数配合不当。

措施六　比值误差很负但相位误差基本正常

阻尼器调校不当时会变成相当大的二次负荷，使比值误差向负方向变化，相比之下对相位误差影响较小。需要检查是否发生错接阻尼器的情况。

措施七　高压引线太靠近或直径过大

检定电容式电压互感器应使用细直径的高压引线，尽量减小分布电容对误差的影响。通常使用直径或宽度 2～4mm 的编织圆导线或扁导线，如果需要增加导线的强度可以适当放宽要求。同时高压引线应尽量从被检电容式电压互感器的高压端水平引出，否则会对被检电容式电压互感器的误差产生可观的影响，试验表明不恰当使用高压引线可以使电容式电压互感器产生 0.6% 之多的附加误差。因此当电容式电压互感器比值差向增大方向变化并超过误差限值时，可以考虑修正高压引线影响，影响量通常可以按 0.05% 选取。当电容式电压互感器附近存在不带电的物体时，则会有临近效应，对比值差的影响是向负方向变化。

措施八　电容分压器外绝缘存在漏电流

耦合电容器是二端电容结构，如果上节电容器外绝缘有漏电流，则会进入下节电容器成为电容电流的一部分进入电磁单元，影响相位误差。这种情况多数在套管存在外绝缘污秽时发生，通常在对套管进行清洗后误差会恢复正常。

2.4.4　电流互感器超差原因分析及处理措施

发现电流互感器超差时，应重点检查测量接线和设备是否正常。

措施一　改变二次负荷，观察误差的变化是否正常

根据电磁式电流互感器的工作原理和设计原则，上限负荷与下限负荷的误差变化应接近等于误差限值的 $1\sim1.5$ 倍。如果不符合这一规律，应检定负荷箱是否正常。可以用互感器校验仪的阻抗挡测量负荷，也可以用直流电阻表测电阻，检查测量值与理论值的一致程度。

措施二　检查一次引线和二次引线，是否有多点接地现象

电流互感器一次回路的架空线两端都有接地开关，测量误差时只能合上一个，如果两个同时合上，就会造成一次电流旁路，引起异常误差。有的电流互感器二次有抽头，抽头接有保护元件如速饱和电抗器，造成二次电流旁路。因此建议把所有抽头上的原有引线全部拆除，只接入测量引线。

措施三　二次引下线故障

如果二次电流不是从互感器本体的接线端子盒引出，可以改接到互感器本体端子盒再测量误差。发生这种情况是由于二次引下线中间可能发生绝缘不良故障，产生旁路电流，也会使误差结果异常。

措施四　互感器校验仪故障

当发现测量误差示值异常时，包括误差很小或很大，应检查互感器校验仪是否正常。检查的方法是改变二次负荷，观察误差变化大小和方向是否合理。

措施五　铁芯有剩磁

如果不是以上故障，而且超差情况也不严重，可以进行退磁处理，看看是否可以消除超差现象。

措施六　穿心导线偏离正常位置

母线型电流互感器要求穿心导线从几何中心穿过，一般情况下可以有 10%～20% 的偏离（按穿心内孔的直径计算）。母线拐弯位置不应小于互感器的外形尺寸。如果不能满足就有可能使铁芯不对称磁化，其现象是在小电流百分数测量时误差正常，而在大电流百分数测量时误差异常。

措施七　临近大电流导线过于靠近

对于有等安匝母线的电流互感器，邻近大电流导体可能是返回母线，如果靠的比较近或者不对称安装，就有可能引起误差异常。

第3章 电 能 表

3.1 电能表的基础知识

近年来随着经济的发展，电力需求越来越旺盛，由于电能表的电能贸易结算功能，电能表测量问题越来越得到人们的关注。电能表虽说是已经很成熟的产品，但随着整个电网内干扰源的增多增大，导致了电能表在自身的电源工作回路及通信回路中受到各方面的电磁信号、各种通信信号及谐波等的干扰（见图3-1），致使现场工作中的电能表发生计量不准确，甚至损坏。对电能表计量的影响主要有5个方面：

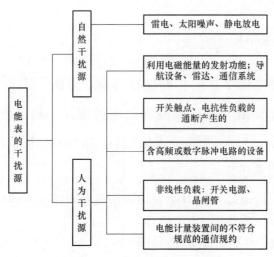

图3-1 电能表的干扰源

（1）电磁环境对于电能表计量的影响。

（2）电能表之间的数据通信对于电能表计量的影响。

（3）谐波对电能表计量的影响。

（4）电压二次回路压降对电能表计量的影响。

（5）电能表自身构造不合理。

3.2 电磁兼容性对电能计量的影响

对于第一类的干扰问题统称为电能表的电磁兼容性。

要加强对电磁兼容（EMC）性的设计要求，保证电能表能在复杂的电网环境中运行可以不受电网的电磁干扰，且保证准确的计量。

3.2.1 电磁兼容

电磁兼容（electromagnetic compatibility，EMC）：设备或系统在其电磁环境中能正常工作，且不对该环境中任何事物构成不能承受的电磁干扰的能力。

3.2.2 电磁干扰的途径

电能表遭受电磁干扰的主要途径有两个方面：

（1）电磁干扰信号通过电能表的电源回路，将高频干扰耦合到电能表的工作回路、控制回路、通信线路中，破坏电能表的工作电源、控制系统和通信系统。

（2）电磁干扰信号通过电能表的通信线路直接破坏电能表通信系统。

3.2.3 电能表测量干扰源分析

电磁干扰对于电能表的测量干扰主要集中在以下几个方面：

（1）人体静电，人体接触电能表的金属端子以及人体操作临近电能表的电气设备引起的静电对于电能表的影响。

（2）电网中切断感性负载，以及继电器触点弹跳对于电能表的影响。

（3）雷击对于电网的二次线路产生的影响，进而影响到电能表。

（4）电网的高压母线切换影响到线路的电源电缆、控制电缆、通信电缆，进而影响到电能表系统。

（5）电能表周围的电气和电子设备工作的时候发出的高频信号（这里主要是研究 150kHz～80MHz）对于电能表产生的影响。

3.2.4　电磁干扰的类型

对于电能表的电磁干扰主要分为五种类型：电快速瞬变脉冲群干扰、浪涌干扰、静电放电干扰、射频场感应的传导干扰、射频电磁场辐射干扰。

一、电快速瞬变脉冲群抗扰度

1. 产生的原因及特点

电快速瞬变脉冲群产生于感性负载的投切、继电器触点弹跳等切换的瞬态过程，这种干扰以差模和共模的方式作用于供电电源端口、信号和控制端口，对电能表正常工作产生严重干扰，其特点是上升时间短，高重复率和低能量。电快速脉冲群是由间隔为 300ms 的连续脉冲串构成，每一个脉冲串持续 15ms，由数个无极性的单个脉冲波形组成，单个脉冲的上升沿 5ns，持续时间 50ns，重复频率 5kHz。根据傅里叶变换，它的频谱是从 5kHz～100MHz 的离散谱线，每根谱线的距离是脉冲的重复频率。

由以上可以知道电快速瞬变脉冲群的特点是上升时间短，高重复率，因此它对电能表的干扰能力是很大的，单个脉冲的能量较小，不会对设备造成故障。但脉冲群干扰信号对设备线路结电容充电，当上面的能量积累到一定程度之后，就可能引起线路（乃至电能表）的误动作。因此，线路出错会有个时间过程，而且会有一定偶然性（不能保证间隔多少时间，线路一定出错，特别是当试验电压达到临界点附近时）。

2. 试验中电快速瞬变脉冲群技术指标

（1）脉冲上升时间：5ns（±30％）（50Ω 匹配时）。

（2）脉冲持续时间：50ns（±30％）（50Ω 匹配时）。

（3）脉冲重复频率：2.5kHz（脉冲幅值 4kV）。

（4）脉冲群持续时间：15ms。

（5）脉冲群重复周期 300ms。

（6）输出脉冲极性：正/负。

其主要特点是：上升时间短，高频含量高，可以达到四百兆左右；能量低，重复率高。

3. 电快速瞬变脉冲群典型干扰波形

接 50Ω 负载时单个脉冲的波形见图 3-2，脉冲串分略图见图 3-3，脉冲群分略图见图 3-4。

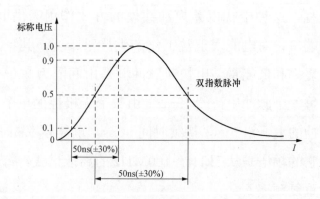

图 3-2　接 50Ω 负载时单个脉冲的波形

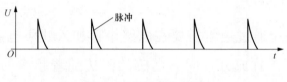

图 3 - 3　脉冲串分略图

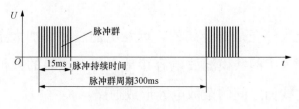

图 3 - 4　脉冲群分略图

4. 脉冲群的主要干扰途径

电快速瞬变脉冲群对电能表产生干扰的途径主要有以下三种：

（1）电源传导：干扰信号在电源回路中传导对电能表电源回路的干扰。

（2）线路间辐射：干扰信号在电源回路中传导的过程中会向空间辐射，这些辐射干扰会感应到电能表的各信号线上，对电能表产生干扰。

（3）空间辐射：干扰信号在电能表的各信号线上传导的过程中会产生空间辐射，会再次感应到电能表的电路中，对电能表产生干扰。

5. 提高电能表对脉冲群骚扰的抗干扰措施

电快速瞬变脉冲群对表计的影响一般存在偶然性和不可重复性，通常来说三只试验样表中全坏的几率几乎为零，顶多也只会有一只样表出现问题。因此必须在表计的设计上杜绝电快速瞬变脉冲群对表计的任何可能性骚扰。

以下根据电快速瞬变脉冲群的干扰途径，着手提高电能表对脉冲群的干扰能力。

为了使试验通过通常需要在电路中再加入共模电感，就可以衰减掉一些高频干扰成分，因为电感的阻抗随着频率的增加而升高。因此，实际施加到电能表上面的干扰信号的高频部分就大大减少了。

如果电能表外壳是非金属的，可在电能表底部加大金属挂钩的面积，保证电能表中的共模滤波电容接地良好，这时的共模干扰电流通过金属板与地线面之间的杂散电容形成通路。

如果电能表底部的金属板设备的尺寸较小，意味着金属板与地线之间的电容量较小，不能起到较好的旁路作用。在这种情况下，主要靠共模电感发挥作用。此时，需要采用各种措施提高电感高频特性，必要时可用多个电感串联、电容等滤波器，阻止干扰进入表内。

为了防止电快速瞬变脉冲群干扰信号对电能表各线路间的影响，应考虑对各线路间加装滤波电容或扼流圈。还有就是要在地线布局上保证各线路间的地线无交叉处，避免干扰信号通过地线耦合进各线路。

二、浪涌抗扰度

1. 产生的原因及特点

浪涌的主要诱因包括雷电、电网开关操作以及低压电源线上各类设备的启停操作等。其表现为在短暂时间内巨大的能量冲击，既包括电压的瞬变，也包括电流的瞬变。如果浪涌的能量无法泻放或吸收，而大量进入电能表内部，就可能影响电能表的正常工作，甚至会烧毁器件，危害很大。

2. 试验中浪涌抗扰度试验技术指标

（1）极性：正/负。

（2）相位偏移：随交流电源相角在 0°～360°变化。

（3）重复率：每分钟至少一次。

（4）开路输出电压峰值：至少在 0.5～4.0kV 范围内能输出。

3. 浪涌电压试验波形

未连接信号发生器输出端的开路电压波形（1.2/50μs）如图 3 - 5
所示。

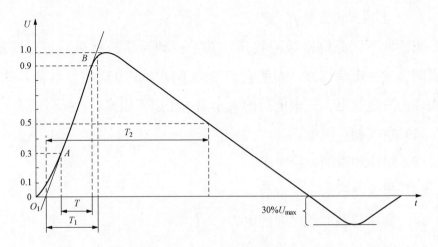

图 3 - 5　未连接信号发生器输出端的开路电压波形（1.2/50μs）

4. 浪涌的主要干扰途径

浪涌干扰主要分为共模干扰和差模干扰。共模干扰指干扰信号施
加于相线与地线之间、中性线与地线之间；差模干扰指干扰信号单独
施加于相线之间、相线与中性线之间。

5. 提高电能表对浪涌骚扰的抗干扰措施

浪涌实验不通过，除个别表计是某些元器件质量不过关外，大多
数是在表计设计上存在缺陷，因此必须在设计初期就要考虑到如何对
浪涌骚扰进行屏蔽。

为了使试验可以顺利通过通常的做法是在电能表的相线和中性线
间、电源线与信号线之间加装压敏电阻，利用压敏电阻的特性（当电

压升高到一定值，压敏电阻几乎为短路状态阻值接近于零）将浪涌骚扰源与地线旁路，保护电能表正常工作。为了使压敏电阻可以有效的保护整个电路，最好将压敏电阻直接跨接在相线与中性线间，避免干扰信号只在中性线上传导时压敏电阻未起到保护作用，对电路产生危害。

三、静电放电抗扰度

1. 产生的原因及特点

当两种不同介电常数的物质（其中一种为绝缘材料）相互摩擦，两者间会发生电荷转移，而使它们带上不同的正电荷或负电荷，这种作用称为静电充电。充电电荷的大小取决于以下因素：

（1）空气相对湿度。

（2）绝缘物质的绝缘电阻。

（3）绝缘物质的介电常数。

（4）物质与参考地之间的电容。

（5）摩擦（移动）时的速度。

（6）表面电阻。

（7）两种材料之间的表面压力。

当人在绝缘地板上（如地毯）走动或者操作人员在座椅上挪动等都会发生上述的静电充电，而当充有电荷的人体触及设备表面（如进行正常的键控操作）时，就会发生静电放电现象。

2. 试验中静电放电抗扰度试验技术指标

接触放电是优先选择的试验方法，空气放电则用在不能使用接触放电的场合中。每种试验方法的电压列于表 3-1 中。需要说明的是，相同的接触放电等级与空气放电等级并不意味着它们具有相同的严酷度等级；其次，表 3-1 中的 x 等级是自定义等级，可以采用试验所需要验证的任何电压的情况。

表 3 - 1   试 验 等 级

接触放电		空气放电	
等级	试验电压（kV）	等级	试验电压（kV）
1	2	1	2
2	4	2	4
3	6	3	6
4	8	4	8
x①	特殊	x①	特殊

① "x"是开放等级，该等级必须在专用设备中加以规定，如果规定了高于表格中的电压，则可能需要专用的试验设备。

3. 静电电压试验波形

静电放电发生器输出电流的典型波形及波形参数见图 3-6、表 3-2。

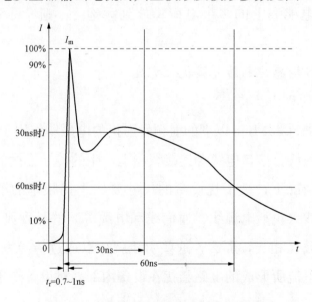

图 3 - 6   静电放电发生器输出电流的典型波形

表 3 - 2   波 形 参 数

等级	指示电压（kV）	放电的第一个峰值电流（±10%，A）	放电开关操作时的上升时间（ns）	在30ns时的电流（±30%，A）	在60ns时的电流（±30%，A）
1	2	7.5	0.7～1	4	2
2	4	15	0.7～1	8	4

等级	指示电压 （kV）	放电的第一个峰值 电流（±10%，A）	放电开关操作时的 上升时间（ns）	在30ns时的电流 （±30%，A）	在60ns时的电流 （±30%，A）
3	6	22.5	0.7~1	12	6
4	8	30	0.7~1	16	8

4. 静电放电的主要干扰途径

静电放电干扰主要会通过物体表面静电耦合或表面电流将干扰耦合到设备内部，致使设备工作不正常甚至元器件损坏。

5. 提高电能表对静电放电骚扰的抗干扰措施

最有效的滤除电能表上的静电放电骚扰的措施就是接地，良好的接地可以将电能表上的多余电荷释放到大地上，避免了静电放电的骚扰。

四、射频场感应的传导骚扰抗扰度

1. 产生的原因及特点

主要是来自80MHz以下的射频发射机的电磁场作用于电气设备的电源线、通信线、接口电缆等连接线路上产生的传导干扰的影响。

在通常情况下，被干扰设备的尺寸要比干扰频率的波长短得多，而设备的引线（包括电源线、通信线和电缆等）的长度则可能与干扰频率的几个波长相当，那么，这些引线就可以通过传导方式（最终以射频电压和电流所形成的电磁骚扰在设备内部）对设备产生干扰。

2. 试验中射频场感应的传导骚扰试验技术指标

传导骚扰抗扰度试验的频率范围是150kHz~80MHz，试验中用1kHz的正弦波进行幅度调制，调制深度为80%。

3. 射频场感应的传导骚扰电压试验波形

射频场感应的传导在耦合装置的受试设备端口输出波形如图3-7所示。

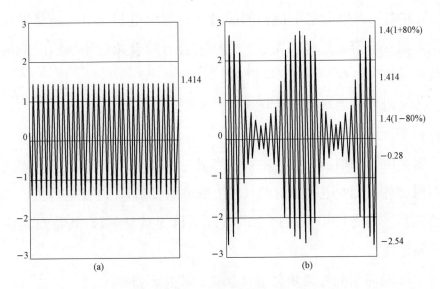

图 3 - 7 射频场感应的传导在耦合装置的受试设备端口输出波形（单位：V）

（a）无调制射频信号；（b）80％幅度调制的射频信号

4. 射频场感应的传导骚扰的主要干扰途径

射频场感应的传导骚扰的主要干扰途径有两个方面：①沿电源线传导的耦合；②通过公共地线阻抗的耦合。

5. 提高电能表对射频场感应的传导骚扰的抗干扰措施

断路器产生的振荡波会使终端电源输入端产生过电压，抑制这种过电压可以使用 RCD 吸收电路。该电路由电阻（R）、电容（C）和二极管（VD）构成，所以简称为 RCD 吸收电路，如图 3 - 8 所示。若断路器断开，蓄积在寄生电感中能量通过断路器的寄生电容充电，断路器电压上升。其电压上升到吸收电容的电压时，吸收二极管导通，断路器电压被吸收二极管所嵌位，约

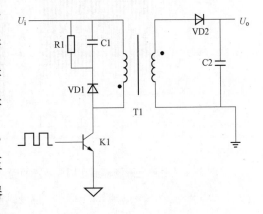

图 3 - 8 RCD 吸收电路的应用

为1V左右。寄生电感中蓄积的能量也对吸收电容充电。断路器接通期间，吸收电容通过电阻放电。这样就会有效衰减射频场感应的传导骚扰电压幅值，保护K1不受损坏。

五、射频电磁场辐射抗扰度

1. 产生的原因及特点

射频电磁场辐射干扰主要由无线电台、电视发射台、移动无线电发射机和各种工业电磁辐射源（以上属有意发射），以及电焊机、晶闸管整流器、荧光灯工作时产生的（以上属无意发射），其特点是频率高、频谱宽。

2. 试验中射频电磁场辐射抗扰度试验技术指标

射频电磁场辐射试验的频率范围是80～1000MHz，试验中用1kHz的正弦波进行幅度调制，调制深度为80％。

3. 射频电磁场辐射抗扰度电压试验波形

射频电磁场辐射在耦合装置的受试设备端口输出波形如图3-9所示。

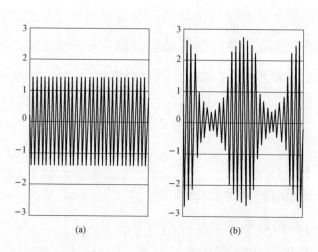

图3-9 射频电磁场辐射在耦合装置的受试设备端口输出波形（单位：V）

（a）无调制射频信号；（b）80％幅度调制的射频信号

4. 射频电磁场辐射抗扰度的主要干扰途径

射频电磁场辐射干扰途径分为两种：①以场源为中心，半径为一个波长之内的电磁能量传播，是以电磁感应方式为主，将能量施加于附近的仪器仪表、电子设备和人体上；②在半径为一个波长之外的电磁能量传播，以空间放射方式将电磁波施加于敏感元件和人体之上。

5. 提高电能表对射频电磁场辐射的抗干扰措施

目前抑制射频电磁场辐射的常用方法有屏蔽和滤波。采用金属外壳是最好的屏蔽电磁干扰方法，非金属外壳也可通过喷涂导电材料（如石墨）进行电磁干扰屏蔽。对于露在外、屏蔽效果不是太好的线路，如开关量输入输出、信号线输入回路等，这些线路也可以看成是一根电磁感应天线，也会接受来自外部的高频电磁场，所以可以在这些输入信号端与地之间接一些电容进行滤波，由于电容对高频信号的低阻性，会有效吸收高频信号。

3.3　数据通信对电能表测量的干扰

3.3.1　产生的原因及特点

现阶段由于智能电网的大力普及，电能表的种类已经不再局限于电能表了，大量的负控终端、集中器、采集器、防窃电终端等都和电能表一起组成了电能表通信网络，每天大量的数据报文需要在网络中存储转发，不仅上节中提到的各类电磁骚扰会对通信网络产生危害，非标准规约或者厂家自定义的数据标识均有可能对处在该网络的计量设备造成干扰甚至损坏。

3.3.2　非标准数据标识的危害

现在电力系统中大量的计量终端还是都采用的是 DL/T 645—1997

《多功能电能表通信协议》的通信规约，每一数据帧采用的是 16 进制的运算方法，以 16 进制的"68 为开始"，并以通信地址加数据标识的方式进行指令传输，"通信地址"决定了是那个计量终端执行指令，"数据标识"决定了计量终端要执行什么命令。但是规约规定了 DL/T 645—1997 中未定义的"数据标识"各厂家可以自行定义，自行使用。这就产生了几个问题：当系统中不同的产品但有相同的编号时，或者当系统中某个厂家的产品用广播地址进行通信时，A 厂家对某"数据标识"进行了自定义，B 厂家未对该"数据标识"进行定义且又未对该类型的"数据标识"进行屏蔽，或者 B 厂家对该"数据标识"进行了另外的定义，计量终端接收到指令后不知道该做什么，该计量终端就会产生程序混乱以至于损坏。

3.3.3 解决措施

（1）现阶段主要的解决措施是对计量终端的程序进行升级，对无用的"数据标识"从软件上进行屏蔽。

（2）以后生产的计量终端大量普及使用 DL/T 645—2007 通信规约，应为该规约在 DL/T 645—1997 的基础上扩展了"数据标识"的位数避免了各厂家自定义的"数据标识"相同的可能性。且加入了"操作员代码"的字段，可以对某些特定的指令设置不同的"操作员代码"进行识别。

3.4 谐波对电能表测量的干扰

3.4.1 产生的原因及特点

谐波产生的根本原因是非线性负载造成电网中的谐波污染、三相电压的不对称性。由于非线性负载的存在，使得电力系统中的供电电压即便是正弦波形，其电流波形也将偏离正弦波形而发生畸变。当非正弦波形的电流在供电系统中传输时，将迫使沿途电压下降或者上升，其电压波形也将受其影响而产生不同程度的畸变，从而产生谐波。

3.4.2 谐波的危害

谐波对电力系统的危害主要表现在：①谐波使公用电网中的元件产生附加的谐波损耗，降低发电、输电及用电设备的效率。②谐波影响各种电气设备的正常工作。③谐波会引起公用电网中局部的并联谐振和串联谐振，从而使谐波放大，引发严重事故。④谐波会导致继电保护和自动装置误动作，并使电气测量仪表计量不准确。⑤谐波对临近的通信系统产生干扰，轻则产生噪声，降低通信质量；重则导致信息丢失，使通信系统无法正常工作。

3.4.3 谐波的电压试验波形

三次谐波和五次谐波叠加在基波上的试验输出波形如图 3 - 10 所示。

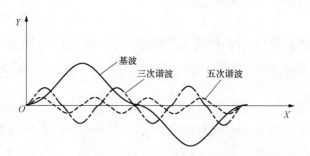

图 3 - 10　三次谐波和五次谐波叠加在基波上的试验输出波形

3.4.4 谐波的抑制

对谐波的抑制就是如何减少或消除注入系统的谐波电流，以便把谐波电压控制在限定值之内，抑制谐波电流主要有四方面的措施：

（1）降低谐波源的谐波含量。也就是在谐波源上采取措施，最大限度地避免谐波的产生。这种方法比较积极，能够提高电网质量，可大大节省因消除谐波影响而支出的费用。

（2）在谐波源处吸收谐波电流。这类方法是对已有的谐波进行有效抑制的方法，这是目前电力系统使用最广泛的抑制谐波方法。

（3）改善供电系统及环境。对于供电系统来说，谐波的产生不可避免，但通过加大供电系统短路容量、提高供电系统的电压等级、加大供电设备的容量、尽可能保持三相负载平衡等措施都可以提高电网抗谐波的能力。选择合理的供电电压并尽可能保持三相电压平衡，可以有效地减小谐波对电网的影响。谐波源由较大容量的供电点或高一级电压的电网供电，承受谐波的能力将会增大。对谐波源负荷由专门的线路供电，减少谐波对其他负荷的影响，也有助于集中抑制和消除高次谐波。

3.5　电压互感器二次回路电压降对电能表测量的影响

3.5.1　电能计量装置的误差组成

电能计量装置包括各种类型的电能表、计量用电压互感器（TV）、计量用电流互感器（TA）（或专用二次绕组）及其二次回路、电能计量柜（箱）等。

电能计量装置的种类很多，实际工作中经常遇到的有以下几种：①大多数的电能计量装置仅仅只有一只电能表；②除电能表外还有电流互感器及其计量二次回路；③包含有电能表，电压互感器、电流互感器及其计量二次回路。

电能计量装置的综合误差较大，是电力行业中存在的关键问题之一，它直接影响到电力行业各项经济技术指标的正确计算和客户电费的公正计收。

电能计量装置的综合误差包括以下几个部分：

（1）电流互感器的误差 γ_{TA}，电压互感器的误差 γ_{TV}。

（2）电压互感器二次回路电压降引起的计量误差 γ_R。

（3）电能表的误差 γ_W。

三项相加为总的综合误差：$\gamma_\varepsilon = \gamma_{TA} + \gamma_{TV} + \gamma_R + \gamma_W$

3.5.2 二次回路压降产生的原因

在电能计量装置的综合误差中，三部分的误差不但有其各自的特点和规律，而且由于接线不同，使用条件变化，所引起的综合误差也有所不同。其中 γ_R 常常是几项误差中最大的一项，由于电压互感器二次回路压降过大，造成少计电量及发供电量，电量不平衡的事均有发生。所以，对电压互感器二次回路电压降的产生原因的认识及如何进行改造，就显得十分重要。

安装运行于变电站中的电压互感器，往往离装设于配电柜中的电能表有较长的距离，它们之间的连接导线较长，而且中间环节较多，往往有端子排、熔断器、快速开关等，因而二次回路电阻较大，如果二次所接表计、继电保护装置及其他负荷较重，负荷电流较大，则因此而引起的二次回路压降将会较大。

根据以上分析，造成电压互感器二次回路电压降大的原因主要有以下几种：

（1）电压互感器到电能表的二次线过长或线径小，使得电压互感器二次回路中阻抗大。

（2）电压互感器二次负荷过重。在有的变电站，电压互感器二次回路中带有近十块有功电能表、无功电能表，还带有指示仪表、继电保护回路、远动回路等，线路上电流过大。

（3）电压互感器二次回路中的接触电阻大。①由于电压互感器端子箱有相当一部分在室外，所处环境差，端子箱内接触点容易氧化锈蚀；②电压互感器二次回路中熔丝与卡座接触不好，接触电阻增大，这是影响二次回路压降的重要的不稳定因素。

3.5.3　二次回路电压降对电能计量准确性的影响

电能计量装置接线方式的不同，二次压降引起电能计量误差的计算方法也不同。下面仅以三相三线计量方式下，用二次压降测试仪测量的方法来分析二次电压降对电能计量的影响。

1. 测算方法

用压降测试仪测出电能表端电压 U'_{ab}（或 U'_{cb}）相对于电压互感器二次端电压 U_{ab}（或 U_{cb}）的比差 f_{ab}（或 f_{cb}）和角差 δ_{ab}（或 δ_{cb}），将测得的 f_{ab}、f_{cb}、δ_{ab}、δ_{cb} 之值公式，可分别计算出电压互感器二次回路中的二次压降值及二次压降所引起的电能计量误差 γ

$$\Delta U_{ab} = \frac{U_{ab}}{100}\sqrt{f_{ab}^2+(0.0291\delta_{ab})^2} \qquad (3-1)$$

$$\Delta U_{cb} = \frac{U_{cb}}{100}\sqrt{f_{cb}^2+(0.0291\delta_{cb})^2} \qquad (3-2)$$

$$\gamma = \{0.5(f_{ab}+f_{cb})+0.0084(\delta_{cb}-\delta_{ab})$$
$$+[0.289(f_{cb}-f_{ab})-0.0145(\delta_{ab}+\delta_{cb})]\tan\varphi\}(\%)$$

$$(3-3)$$

在一段时间内，φ 的平均值可根据接于电压互感器二次的电能表在此期间内所累计的有功电量和无功电量按下式计算

$$\tan\varphi = 无功电量/有功电量$$

2. 测试计算举例

某变电站化工线安装的为三相三线高压电能计量装置，经用压降

测试仪测得电压互感器二次回路电压降所引起的比差和角差为 $f_{ab}=-0.77\%$，$\delta_{ab}=17'$，$f_{cb}=-0.67\%$，$\delta_{cb}=33'$。电压互感器二次端电压 $U_{ab}=101.5\text{V}$，$U_{cb}=101.1\text{V}$。

将测得的值代入式（3-1）～式（3-3），得

$$\Delta U_{ab}=\frac{U_{ab}}{100}\sqrt{f_{ab}^2+(0.0291\delta_{ab})^2}$$

$$=\frac{101.5}{100}\sqrt{(-0.77)^2+(0.0291\times17)^2}=0.93(\text{V})$$

$$\Delta U_{cb}=\frac{U_{cb}}{100}\sqrt{f_{cb}^2+(0.0291\delta_{cb})^2}$$

$$=\frac{101.1}{100}\sqrt{(-0.67)^2+(0.0291\times33)^2}=1.18(\text{V})$$

$$\gamma=\{0.5\times(f_{ab}+f_{cb})+0.0084\times(\delta_{cb}-\delta_{ab})$$

$$+[0.289\times(f_{cb}-f_{ab})-0.0145\times(\delta_{ab}+\delta_{cb})]\tan\varphi\}(\%)$$

$$=\{0.5\times(-0.77-0.67)+0.0084\times(33-17)$$

$$+[0.289\times(-0.67+0.77)-0.0145\times(17+33)]\tan\varphi\}(\%)$$

$$=(-0.5856-0.696\tan\varphi)(\%)$$

根据化工线电能表累计的有功电量和功电量计算出化工线的 $\tan\varphi$ 平均值为 0.287，得

$$\gamma=-0.785\%$$

化工线平均月用电量大概为 21 万 kWh 左右，年用电量达 252 万 kWh，每年的电量损失为

$$\Delta W=252\times(-0.785\%)=-1.978(\text{万 kWh})$$

从以上计算可以看出，电压互感器二次回路电压降远远超过了 DL/T 448—2016 规定的值，同时，由于电压互感器二次回路电压降的影响，使电能表偏慢 0.785%，一年少计有功电量 1.978 万 kWh。

为查出该条线路二次压降超差产生的原因，采取逐段测量的方法

查找原因，分别对"互感器二次端子至二次熔断器互感器侧""二次熔断器两侧""二次熔断器电能表侧至电能表端"三段进行检查，经检查后发现，一是二次回路熔断器两侧压降较大，同时熔断器有发热现象，说明该熔断器接触电阻较大，应予更换；二是电压互感器二次导线截面虽然为 2.5mm^2，但因电压互感器距电能表距离较远，达到 70m 左右，因此在二次导线上产生的压降也较大。变电站改建后，将二次回路导线更换为 6mm^2，同时，将二次熔断器更换为小空气开关，改造后再次对该条线路电压二次压降进行了测量，测量数据为

$f_{ab}=-0.11\%$，$\delta_{ab}=6'$，$f_{cb}=-0.08\%$，$\delta_{cb}=8'$。电压互感器二次端电压，$U_{ab}=101.2\text{V}$，$U_{cb}=101.2\text{V}$。

经计算，得

$$\Delta U_{ab}=\frac{U_{ab}}{100}\sqrt{f_{ab}^2+(0.0291\delta_{ab})^2}$$

$$=\frac{101.2}{100}\sqrt{(-0.11)^2+(0.0291\times6)^2}=0.21(\text{V})$$

$$\Delta U_{cb}=\frac{U_{cb}}{100}\sqrt{f_{cb}^2+(0.0291\delta_{cb})^2}$$

$$=\frac{101.2}{100}\sqrt{(-0.08)^2+(0.0291\times8)^2}=0.25(\text{V})$$

$$\gamma=\{0.5\times(f_{ab}+f_{cb})+0.0084\times(\delta_{cb}-\delta_{ab})$$

$$+[0.289\times(f_{cb}-f_{ab})-0.0145\times(\delta_{ab}+\delta_{cb})]\tan\varphi\}(\%)$$

$$=\{0.5\times(-0.11-0.08)+0.0084\times(8-6)$$

$$+[0.289\times(-0.08+0.11)-0.0145\times(6+8)]\tan\varphi\}(\%)$$

$$=(-0.0782-0.1943\times0.287)(\%)$$

$$=-0.13\%$$

从以上计算可以看出，通过改造，二次压降明显下降，造成的计量误差也大大降低。

3.5.4 解决措施

从上述理论分析可知，引起压降的因素一是电压互感器二次回路阻抗，二是电压互感器二次回路的电流。因此，改造电压互感器二次回路电压降就从这两方面着手，下面就分别予以分析。

1. 采用专用计量回路

即保护回路等二次回路与计量回路各自独立，目前电压互感器的二次一般有多个绕组，在安装时应注意将计量回路与其他二次回路分开。

DL/T 448—2016 中明确指出：经互感器接入的贸易结算的电能计量装置应按计量点配置计量专用电压、电流互感器或者专用二次绕组，并不得接入与电能计量无关的设备。

计量点在用户处的电能计量装置中电压互感器基本是专用的，但对计量点在变电站内的专线用户，一般是电能计量、继电保护和测量回路共用一组母线电压互感器，使电压互感器二次回路容易过载造成二次回路压降超差，而且专线用户的用电量较大，造成的损失也比较大，对此类用户，如无法安装电能计量专用电压互感器，可采用专用二次绕组的配置方式。

2. 装设全电子多功能电能表

全电子多功能表功能全，一只表可以代替有功、无功、复费率表，而且全电子多功能表的输入阻抗较高，如接入专用计量回路，降低回路电流，减少二次压降及其带来的误差影响。

3. 加粗二次电缆，减小二次线阻抗

电能计量装置的二次电缆过细过长会导致二次回路电流不大，但由于二次回路阻抗大，也会使二次压降超差，甚至有 1～2V 的电压降，对于这样的回路，可以改铺设线径较粗的电缆，以降低二次线阻抗。

4. 减小接触电阻

一是接线端子排和接线盒要定期检查维护，以防锈蚀；二是熔丝座要保持接触面干净，接触紧密；三是应选择接触电阻小的二次用小空气开关。

5. 定期监测熔体压降

随着运行时间的增加，熔体的阻抗会因发热等因素发生改变，因而要定期用数字电压表直接测熔体两端的电压降，一般应小于 50mV，如超过 100mV，应注意如果二次回路电流不大，则应予以更换。

3.6 电能表自身构造不合理

3.6.1 产生的原因及危害

在很长一段时间以来，我国大部分地区使用的是普通的电能表，随着计算机技术的不断发展，相关的计算机技术也应用到电能的计量中，这样智能电能表才逐渐普及开来。智能电能表有着比传统电能表复杂得多的内部结构，最重要的一点是内部安装了智能芯片，随时可以通过电脑查询到它，得到它的种种参数，用户的电费也可以在网上进行缴费，由相关部门直接转移到缴费用户自家的电能表上。然而，任何一项新的技术，都伴有一定的风险，尤其是智能化的产品，一点点的错误导致整个仪器崩坏，小至智能化手表，大至航天飞船，都出现过这种状况。智能电能表也是如此，一些对智能电能表技术上的升级改良，不仅需要在实验室中进行各种参数的测量，也需要在实际电能表的工作环境中进行小规模定点实验，确定没有问题后方可投入大规模的生产。一些电能表急于生产，事先并没有进行充分的测试，结果导致在实际过程中，出现了各种各样的问题，很多电能表的改造看似精巧合理，然而，并不适用于实际的工作环境。例如，电阻元件加木质绝缘层，看似高档实用，但是在实际实用过程中，发现外界环境的变化温度远远大于实验室的温度，在夏天高温的蒸烤下，智能表的内部温度常常能达到 50℃ 以上，此时一旦电能表开始工作，电能表的内部温度将会持续升高，绝缘层容易达到起火点，非常危险。磨刀不误砍柴工，在一款电能表进入市场之前，一定要做好充分的实验，不可盲目自信，否则由于电能表内部结构引起的问题，不仅十分危险，也会给企业的名誉带来十分严重的影响。

3.6.2　解决措施

随着计算机技术的不断发展，智能电能表不断引进新的技术，新的技术会给电能表带来质的飞跃但新技术也应谨慎使用，有些新技术本身就不成熟，运用到电能表中更会产生很多的问题，还有一些技术虽然成熟，但电能表的环境并不适合使用这项技术，电能表是一种比较特殊的原件，高温高电的特性会不适用于很多技术，因此，在电能表引进新技术时，一定要谨慎处理，防止新技术产生意想不到的问题。

3.7　现场电能表遭干扰案例分析

案例一　通信规约的匹配性对电能表影响

1. 故障描述

某市 A 公司生产的电能表在和负控系统抄表时，出现死机和漏计电量的故障。省供电公司计量中心人员去现场进行了实地调查，并在实验室模拟了现场的工作环境进行了故障测试和技术分析。

一月前某供电公司在许多大客户端的分表回路中安装了 B 公司生产的电压变送器，为了可以抄录电压变送器的数据，该公司对自己在该地区所安装的老版本的负控终端进行了升级，升级后不久便发现与该公司所生产的终端相连的 A 公司的三相普通电能表出现了死机和漏计电量的故障。据现场了解，目前其他公司的表计还未发现有此故障。

2. 故障诊断

由于该地区的很多用户所安装的 A 公司的表计都出现了死机现象，因此从中挑选了两个用户进行了跟踪调查工作。

省公司计量中心相关人员与该地区供电公司计量中心人员，分别对 C 企业、D 小区所安装的 A 公司的三相普通电能表进行了现场的实地调查。

对 C 企业所安装 A 公司生产的一只表计进行了调查发现此表已经完全无脉冲输出，且计度器不走字。根据察看现场负控终端数据得知，此表已经停止计量了 10 天，在这 10 天里负控终端内无任何抄表数据，可知此表 485 通信接口部分已经不能通信。对 D 小区所安装的三只 A 公司的表计进行的调查，也发现存在同样的问题。

为了能针对发现的问题，找到解决的方案，在实验室里模拟出现场环境，向 B 公司借用了两台他们老版本的负控终端的升级版、电压变送器和他们的主台软件。发生故障的表计公司又提供了在该地区发生故障的同批次的表计进行了实验室故障模拟试验。

（1）实验室里模拟故障测试接线图，如图 3-11 所示。

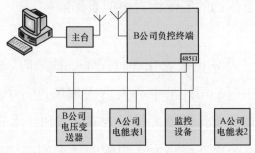

图 3-11　B 公司负控终端对 A 公司电能表影响试验接线图

（2）试验说明。在实验室里用了 485 总线组网，网内并接了一块 B 公司 96 版的升级负控终端与一块电压变送器、一块"A 公司电能表 1"及用来监控 485 总线数据信息的监控设备，另外又用了一只未接在 485 总线上的"A 公司电能表 2"用作比对。

（3）测试过程。在电能表校验装置上分别接好电压变送器、"A 公司电能表 1"和"A 公司电能表 2"。"电能表 1"的 485 口分别与电压变送器、B 公司负控终端的 485 口并联在一起，然后在 485 总线上并联数据监控设备。终端分别抄电压变送器和"电能表 1"，测试处于通信状态下的电能表的工作状态，打开监控设备，随时监控 485 总线上传输的数据。通上参比电压，抄一下电量底数，然后通上参比电流，走字，设置终端抄表时间间隔为 5min，分别在整点时记录一下处于通信状态下的各电能表的误差、电量。测试数据记录表见表 3-3、表 3-4。

表 3-3　　　　　B 公司负控终端通信时对 A 公司表计误差的影响

时间（h）	误差（%）	
	A 公司电能表 1	A 公司电能表 2
试验前	0.052	−0.024
1	0.056	−0.026
2	0.058	−0.029
3	0.058	−0.025
4	0.055	−0.021
5	0.059	−0.018
6	电能表死机	−0.016

表 3-4　　　　　B 公司负控终端通信时对 A 公司表计电量计量的影响

时间（h）	电量（kWh）	
	A 公司电能表 1	A 公司电能表 2
试验前	0.00	0.00
1	3.30	3.30
2	6.61	6.60

时间（h）	电量（kWh）	
	A 公司电能表 1	A 公司电能表 2
3	9.91	9.90
4	13.21	13.20
5	16.50	16.49
6	19.22（电能表死机）	19.79

（4）试验现象。从表 3-3 和表 3-4 中可以看到在电能表没有死机的情况下，通信时电能表的误差和电量的计量都是比较准确的。当电能表将近运行到 6h 发生死机现象，表现为：电能表不计量且无脉冲输出。通过数据监控软件发现，在 A 公司负控终端向电压变送器发送"68 77 11 00 00 09 00 68 05 00 66 16"这条指令后电能表出现了死机现象。这时电能表的 485 端口也不能通信了，很明显是此条指令引起了电能表内部程序混乱，表内通信地址丢失导致了电能表不能通信。

（5）技术分析。由于电能表通信规约采用的是 DL/T 645—1997（简称 645 规约），而 645 规约采用信息帧作为通信的基本信息单元，既可实现点对点的直接本地通信，也可实现一主多从的本地总线通信。通信双方以主—从结构的半双工通信方式工作；通信链路的建立与解除均由主站发出的信息帧控制。传送的每个信息帧由帧起始符、从站地址域、控制码、数据长度域、数据域、校验码和结束符等几部分组成（见表 3-5）；而每个部分又有若干字节组成，每个字节含 8 位二进制码，传输时加 1 位起始位（0），1 位偶校验和 1 位停止位，共 11 位；以异步方式先传低位，后传高位。而接收方对数据帧应先判断是否符合 645 规约帧格式，接着再判断电能表地址，只有当数据帧中的通信地址与电能表本身地址对应或是广播地址，电能表才应该对此数据帧进行处理，否则电能表不应对数据帧进行反应。

表 3 - 5   数 据 帧 格 式

说明	代码
帧起始符	68H
地址地域	A0
	A1
	A2
	A3
	A4
	A5
帧起始符	68H
控制码	C
数据长度域	L
数据域	DATA
校验码	CS
结束符	16

从试验结果中可以得知电能表在 485 总线上收到数据帧"68 77 11 00 00 09 00 68 05 00 66 16"后电能表出现死机，而根据表 3 - 5 可以知道 645 规约中这条指令解释是："68"是帧起始符；"77 11 00 00 09 00"为通信地址；"05"是控制码，是还未定义的 645 规约的一个扩展命令，B 公司自己定义了此命令是为了抄读电压变送器的数据；"00"是数据长度；"66"是前面所有数据的校验和；"16"是帧结束符。

从对"68 77 11 00 00 09 00 68 05 00 66 16"这条命令的解释中可以发现此命令与标准 645 规约唯一的区别就在于 B 公司自定义了"05"这个控制码，于是将控制码"05"更换成了"03"（"03"是标准 645 规约的控制码，功能是请求从站重发上帧数据），此命令变为"68 77 11 00 00 09 00 68 03 00 64 16"，用程序反复在 485 总线上发送此命令后电能表死机，不计量。由此可见，不是 B 公司自定义的"05"控制码引起的表计不计量，而是另有故障原因。

于是又把发生错误命令的数据长度"00"更改成了"01"等其他数据长度，在 485 总线上反复发送，未发现表计有死机现象。经过反复试验，可以确定是数据长度"00"是导致电能表死机的原因。

而从另外一个角度分析终端发送的数据帧"68 77 11 00 00 09 00 68 05 00 66 16"中通信地址并非电能表的通信地址电能表，电能表应对此帧不予理睬。

3. 预防措施

通过以上实验，得知发生此种现象的原因主要在于 A 公司三相普通电能表在对命令帧中字节长度为"00"的数据项，无法准确判断引起的。同时，整个系统增加新设备或通信内容有变动时，未能够充分与其他产品进行联调。

A 公司对所生产的电能表的程序进行了改进，主要是把字节长度为"00"的数据项进行了选择性的屏蔽。经过多次反复试验，改进后的表计没有出现死机现象，且正常计量。

目前，现场使用的负控终端和电能表，不同厂家、不同种类、不同批次的，品种繁多。各自所用的软件版本在不断地更新换代，推陈出新。各类产品的软件兼容性和相互间的联通性，应该引起重视。建议在以后的运行中，与负控终端相连的 485 总线上再有新品加入（如更换电能表、加电压变送器等）时，应先将 485 总线上的表计和终端等都进行相应的联调试验后再安装使用，避免有类似事件再次发生，确保电能计量的准确、安全、可靠。

案例二　劣质充电器对电能表影响

1. 故障描述

某省公司营销部接到市计量中心汇报，市郊供电所陆续反映 A 公司生产的单相普通电能表现场停走情况较多。根据省公司营销部部署，省公司计量中心工作人员到该市计量中心对故障表计进行了调查，并带回 10 只 A 公司生产的单相普通电能表做实验室故障分析。

近两月市郊供电所陆续反映 A 公司生产的单相普通电能表停走情

况较多，市计量中心立即对 10 台 A 公司的故障电能表进行了分析，其中 8 台停走，经开盖查看多为降压电阻烧坏或降压电阻电容一起烧坏。

2. 故障诊断

省公司计量中心工作人员对带回的 10 只 A 公司的故障电能表进行了通电实验发现 10 只表计均不计量且不出脉冲，判断电能表计量芯片"ADE7755"并未工作；将表计拆盖对计量芯片"ADE7755"的供电电路进行测量，发现电能表的电源回路无电压。电能表的电源回路采用的是阻容降压的设计，主要的元器件为压敏电阻、功率电阻、CBB 降压电容。外观呈现功率电阻，CBB 降压电容已经烧损。

为方便分析表计故障，将故障表计电源回路的 3 个主要元器件拆除，测量后发现 CBB 降压电容已经损坏，虽然功率电阻从外观上看已经烧坏，但测量后发现并未损坏，阻值在 $238 \sim 240\Omega$。

（1）故障元器件的分析。与省公司计量中心留样的 A 公司生产的表计元器件进行比较，留样的表计元器件外观、元器件标识和参数上都与故障表计元器件无明显差别。

将正常表计上拆卸下来的 CBB 降压电容与故障表上的 CBB 降压电容相交换，发现此时故障表计工作正常。由此证实了：表计的停走是由于 CBB 降压电容损坏造成的。

（2）短期发热对降压电容影响的模拟试验。从表计的外观上看造成故障的原因在于功率电阻与 CBB 降压电容接触距离过近，而功率电阻又工作在非正常状态导致电阻过度发热，致使电容烧坏。

实验室对功率电阻发热烧毁降压电容的推测进行了模拟，将正常运行表计上拆卸下来的 CBB 降压电容与故障表上的 CBB 降压电容相交换使故障表计工作正常，用电烙铁的温度代替功率电阻对 CBB 降压电容进行高温试验。试验后发现正常工作表计的降压电容的烧坏程度超过了故障表计降压电容的烧坏程度，但表计依旧正常工作，由此推测降压电容的损坏并不在于短期功率电阻的发热烧毁。

（3）现场表计运行环境测试。根据该市供电公司单相电能表损坏后，生产厂家对损坏原因进行了分析，认为电压含有较高的谐波分量是造成电能表损坏的主要原因；为确认此原因，省公司计量中心分别在该市郊区两个供电所进行了测试。

（4）供电所辖区内现场用电环境测试。供电所内出现多次农户家的电能表损坏，该农户之前多次更换电能表，经供电所人员调查后确认由"劣质"电瓶车充电器引起，更换电瓶车充电器后未出现电能表损坏现象。

测试在农户家进行，测试点（插座）离电瓶车充电插座 4m 左右，分别进行了电压背景、原充电器空载运行、原充电器充电、现充电器充电、另一品牌充电器（在别的农户家使用也出现电能表损坏现象）。

采用 LEM PQPT1000 电能质量分析仪进行测试，测试过程中，电压中谐波含量很小，电压总谐波畸变率（*THD*）最大 1.03％，但电压有效值略有升高（2～3V）。

采用三种充电器充电时的电压、电流波形如图 3-12～图 3-14 所示。

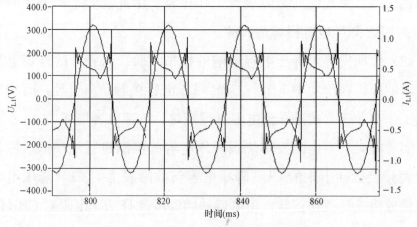

图 3-12 原充电器充电时的电压、电流波形

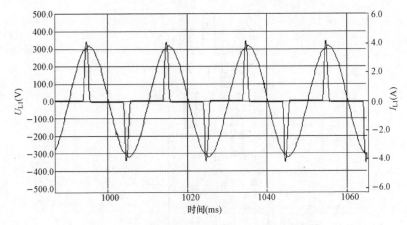

图 3 - 13　现充电器充电时的电压、电流波形

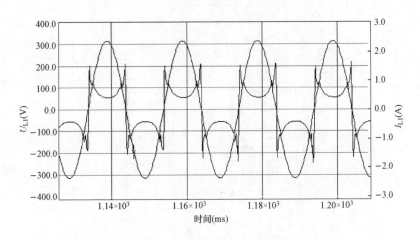

图 3 - 14　另一品牌充电器充电时的电压、电流波形

充电电流严重畸变，但不足以引起电压的严重畸变，充电器运行后电压畸变相对于电网电压背景增加 0.05%。

测试过程中发现，使用原充电器充电时，采用可测真有效值的 Fluke 112 万用表，距离电瓶车充电点 4m 左右的插座电压达 500 多伏（浙江余姚生产的电压监测仪报警无显示），离电瓶车充电点越远的插座电压越低，从 300 多伏到 270 多伏。

（5）充电器对电能表仿真试验。采用 Multisim 仿真测试图如图 3 - 15 所示，原理仿真图如图 3 - 16 所示。

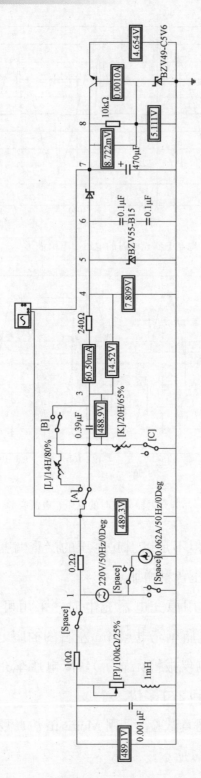

图 3 - 15　Multisim 仿真测试图

情况 1：正常情况下测量支点 1、3 点波形（充电器未投入）

已知 $C_{13}=0.39\mu F/275V$，$R_{25}=240\Omega/5W$。

测得 $U_1=220.1V$，$U_{23}=219.2V$，$U_{34}=6.531V$，$I_{34}=27.21mA$，$U_{cd7}=14.03V$，$U_0=4.654V$。

$P_{34}=U_{34}I_{34}=6.531V\times27.21mA=0.178W$。

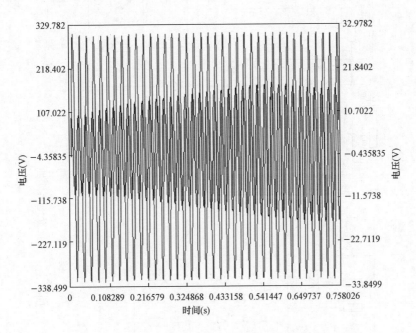

图 3-16　单相电能表电容降压原理仿真图

情况 2：在现场测得波形来看，电流波形发生畸变，劣质充电器充电时电流峰值约为 1A，采用可测真有效值的 Fluke 112 万用表，距离电瓶车充电点 4m 左右的插座电压高达 500V 以上。

充电器原理（见图 3-17～图 3-20）：UC3845 是一种单端输出的电流型 PWM 控制电路，其外接元件少，不用独立辅助电源，外电路装配简单，成本低廉。市场主要用其作反激式控制的电动自行车智能充电器。市电经简单的交流滤波、一次整流并滤波得到约 310V 的直流高压后，分成两路：一路经启动电阻 82kΩ 向 150μF 的电解充电，

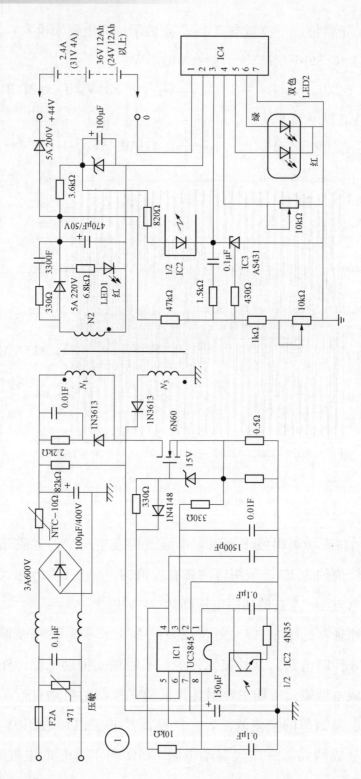

图 3-17 智能充电器原理

当电容上的电压高于 110V 时，IC1 的⑦脚得电，内部的振荡器工作，并通过⑥脚送到 VMOS 管 6N60 的栅极，同时 310V 的高压直流经过变压器 T 的一次侧 N1 送到 6N60 的漏极，⑥脚的振荡信号控制 6N60 的导通与关断。这时，T 的二次侧 N2、N3 均感应到高频电压，N2 的电压经整流后给 IC1 供电；N3 的电压经快恢复二极管整流、滤波后，所得到的直流电压可给蓄电池组供电。

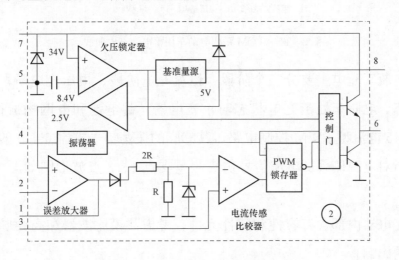

图 3-18　UC3845 4 脚和 6 脚输出波形

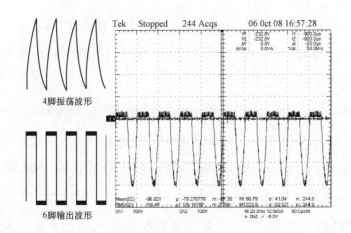

图 3-19　实际测量示波器录波 6 脚输出波形

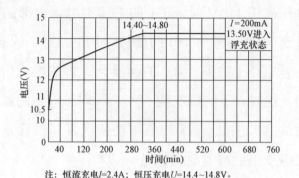

注：恒流充电I=2.4A；恒压充电U=14.4~14.8V。

图3-20　6DZM系列电动车用蓄电池充电曲线

电瓶车充电主要分三个阶段：恒流充电阶段、恒压充电阶段、浮充状态。电瓶车处于充电状态时，充电器、蓄电池和电网构成回路，UC3845电流型PWM控制电路，其⑥脚的振荡信号控制6N60的导通与关断对电源侧叠加电流信号仿真测量支点1、3点波形图如图3-19所示。

充电器内部含有容性和感性元件，考虑共模滤波器和高频脉冲变压器的影响。

已知 L_1 = 19.4H，L_2 = 2mH，U = 220V/50Hz，I = 0.062A/60Hz，C_{13} = 0.39μF/275V，R_{25} = 240Ω/3W，R_p = 19kΩ。

测得 U_1 = 512.0V，U_{23} = 511.2V，U_{34} = 35.88V，I_{34} = 149.5mA，U_{cd7} = 14.08V，U_0 = 4.654V。

P_{34} = $U_{34}I_{34}$ = 35.88V×149.5mA = 5.36W（大于3W）。

U_{23} = 511.2V 大于 C_{13} 耐压值275V。

当回路有负载存在时，电源侧电压幅值降低，离电源越远，电压越低。

以上为仿真结果，实际结果仍需模拟现场充电器充电试验来证明。

3. 预防措施

根据以上试验情况，初步认为引起A公司单相普通电能表现场停走的原因是电源回路中 CBB 降压电容损坏。根据现场测试情况认为造成 CBB 降压电容损坏的可能原因有以下两个方面：

（1）从功率电阻发热情况来看，功率电阻所承受的电压远高于正常工作时的电压，得知造成功率电阻上电压升高的原因在于"劣质"电瓶车充电器充电时引起电流突变，充电器中的感性负载和电网中的感性负载叠加与电能表 CBB 降压电容形成并联谐振，降压电容未起到降压作用，市电电压直接加在了功率电阻上致使电阻严重发热，功率电阻长时间发热加速相邻的电容元器件氧化，使得电容极板上的薄膜面积减少，从而导致电容容抗降低，致使电容最终损坏。

（2）由 CBB 降压电容的外观标注的参数上可以发现此 CBB 电容的耐压值为 275V，由于"劣质"电瓶车充电器充电时现场万用表实测电压为 500 多伏，远远大于 CBB 电容自身的耐压值，如 CBB 电容长时间在此电压下工作势必将导致电容击穿。

由于单相普通电能表价格低廉，厂家出于成本考虑，电能表电源部分一般选用阻容降压模式，在现有条件下建议生产厂家根据现场实际情况提高表计电源部分对电网环境的适应能力，可以采取如下两种方法：

（1）提高表计 CBB 电容自身的耐压值和提高功率电阻的功率值，来避免电网电压波动对表计的影响。

（2）在电路布局中尽量避免功率电阻与降压电容接触过近，以免造成功率电阻长时间发热时影响电容正常工作。

案例三　高压熔丝熔断引起电能计量误差分析

1. 故障描述

某 10kV 高供高计计量装置 A 相 TV 熔丝熔断后，现场检查用户无功自动补偿装置运行正常。通过电费记录的反相无功电量（见表 3-6），很明显可以看出 2008 年 06 月 18 日以后反相无功电量出现并增加。而通过了解，该户无功自动补偿装置且运行正常，该计量装置正常运行的平均功率因数在 $0.95\sim1.0$ 之间，功率因数角 φ 在 $0°\sim18°$（现场测量 $13°$）之间。

表 3-6　　　　　　　　该户投运以来抄表记录

表号	反向无功电能表示数（var·h）	反向无功电量（var·h）	抄表时间
F101463332	114.62	101360	2008-11-18 11：18：00
F101463332	101.95	190320	2008-10-17 10：17：00
F101463332	78.16	139040	2008-09-18 09：18：00
F101463332	60.78	275200	2008-08-18 08：18：00
F101463332	26.38	176320	2008-07-18 07：18：00
F101463332	4.34	34720	2008-06-18 06：18：00
F101463332	0	0	2008-05-19 05：19：00
F101463332	0	0	2008-04-18 04：18：00
F101463332	0	0	2008-03-18 03：18：00
F101463332	0	0	2008-02-18 02：18：00

2. 故障诊断

目前电子式多功能电能表基本上采用的是电流与相应相别后移 $90°$ 的电压相乘来达到计量无功电能的目的。

在三相三线多功能电能表中，两元件用的电流与电压相量分别为

第一元件 $\dot{I}_A$　$\dot{U}'_{AB}$（$\dot{U}_{AB}$后移 $90°$）

第二元件 $\dot{I}_C$　$\dot{U}'_{CB}$（$\dot{U}_{CB}$后移 $90°$）

两元件的功率表达式分别为

$$Q_A = U'_{AB}I_A\cos(60°-\varphi)$$
$$Q_C = U'_{CB}I_C\cos(120°-\varphi)$$

当三相负荷平衡时，总无功功率表达式为 $Q=Q_A+Q_C=\sqrt{3}UI\sin\varphi$

当 A 相无电压时 $Q_A=0$

则 $Q=Q_C=U'_{CB}I_C\cos(120°-\varphi)$

从以上可以看出，当功率因数角 $0° \leqslant \varphi < 30°$ 时，无功功率为负，无功电量记录在多功能电能表的反向无功电量项上。

从表 3-6 中可以看出，2008 年 6 月以后，反相无功开始计量，因此可以判断故障发生在 2008 年 5 月 19 日至 2008 年 6 月 18 日之间。当计量装置发生故障时，应根据现场的情况，及时采集有关数据，用于推算故障期间电量。这里主要分析电压等级为 10kV 或 35kV、接线形式为 Vv 接法的电压互感器高压熔丝熔断后，电压互感器与电能表在故障情况下的运行情况。

根据 DL/T 448—2016 规定，电能计量专用电压互感器或专用二次绕组及其二次回路不得接入与电能计量无关的设备。在目前常用的电压互感器二次回路中一般仅接有一只多功能电能表，如图 3-21 所示。

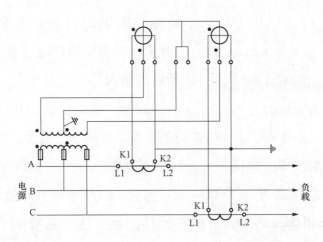

图 3-21　电压互感器仅接一只多功能电能表的接线图

当计量装置中电压互感器一次侧 A 相或 C 相熔丝熔断后，从理论上讲，电压互感器二次电压 U_{ab} 或 U_{cb} 基本为零，那么电能表该相电压基本为零。

但在现场实际情况中，当电压互感器一次侧 A 相或 C 相熔丝熔断后，电压互感器二次电压 U_{ab} 或 U_{cb} 仍然会有一定数值的电压存在。现对这种现象产生的原因分析如下：

电压互感器高压熔断器是由熔丝、瓷芯、瓷套管、石英砂组成，熔丝均匀绕在瓷芯上，当熔丝熔断后，熔丝一般是在某个点熔断，熔断点一般都很短，该断点在电路中就相当于一个电容。因此，电压互感器高压熔丝熔断后就相当于在电压互感器一次回路串上一个电容，即电压互感器一次绕组与等效电容相串联，电压互感器一次回路就可以等效为一个电容与电感的串联电路，因此，电压互感器一次电压施加在等效串联电路两端，如图 3-22 所示。

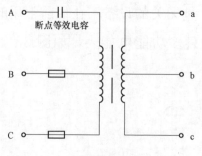

图 3-22　电压互感器高压熔断器熔断等效电路图

另外电网中还存在着不同次数的谐波，当谐波频率等于电路的固有频率时，电路将发生谐振，使得电压互感器一次电压升高。下面分别分析 10kV 与 35kV 用户电压互感器熔丝熔断后的情况。

对于 10kV 计量电压互感器一次熔丝熔断后，由于断点的电容一般较小，容抗 X_C 很大，它远大于电压互感器一次线圈的感抗 X_L，因此一般情况下产生串联谐振的可能性很小，又因为 $X_C \gg X_L$，所以电压互感器一次绕组的分压值也很小。

如果 A 相熔丝熔断，电能表元件上的分压，一般在 $10 \sim 40V$ 之间，该电压对感应式电能表仍有计量功能，但当分压值小，相位角接近 $90°$ 时，故障相所占计量比例较小，一般可以不考虑，但是对于推算值较大时应考虑。对于电子式电能表 $10 \sim 40V$ 的电压，对有些表计能计量有些不能计量，由于多数电子式电能表说明书上没有这方面说明，可以通过试验了解各种表计的性能，其方法是将 A 相或 C 相二次回路电流在电能表前侧短接，在熔丝熔断相应的电能表元件正常工作电流情况下，慢慢升高该相电压到电能表能启动并计量，确定电子式电能表的起始电压，通过实验：L&G 电子式电能表（早期）起始电压最高在 30V 左右，其他如浩宁达、ABB、威胜等起始电压都较低，一般在 10V 以下。

因此当用户计量装置发生 A 相或 C 相熔丝熔断后，首先应判断该相计量表计能否计量，方法是测电压、电流及相位，如故障相电压低于 5V 可不考虑，如大于 5V 而相角不等于 90°，就应断开非故障相电流，保留其他接线，观察此时表计是否能连续发计量脉冲，以此确定故障相是否能计电量，然后计算更正系数。

对于 B 相熔丝熔断后，理论上 $U_{ab}=U_{cb}=50V$，但实际上 $U_{ab}+U_{cb}=100V$，且 U_{ab} 不等于 U_{cb}，对感应式电能表少计电量 1/2，但对于电子式电能表，特别是对于兰地斯（LG）电子式电能表，由于其起始电压偏高，而当 U_{ab} 与 U_{cb} 相差较大时，将会发生一相不计量，另外表计工作电压较低时还将产生较大的附加误差，此时少计电量远大于 1/2。

对于 35kV 计量装置，电压互感器熔丝熔断后，由于 35kV 电压互感器一次感抗远大于 10kV，电压互感器与断开点电容容抗比较接近，因此产生谐振的可能性大大增加，另外当容抗与感抗接近时，电压互感器一次侧的分压也较高，在现场实际工作中 35kV 电压互感器熔丝熔断后，二次电压一般在 50～150V 之间，而相位角随着电网电压的变化而变化，情况各不相同。

3. 预防措施

对于 10kV 计量装置当 TV 熔丝发生故障时应采用实测法确定更正系数，方法是用现场校验仪校验故障表，现场校验仪的电压用保护电压或双回路另一套表的电压，电流串入故障装置表内，保持故障状态对该装置表计进行校验，读取平均误差 γ，计算并确定更正系数为 $G=1/(1+\gamma)$。

对于 35kV 计量装置，推算方法有两种：①做好平时工作，即要求客户每天按时抄读电能表读数，这样当发生故障时，可按平均日用电量来推算；②用实测法，但由于电网电压的波动对故障电压互感器二次电压影响很大，因此测量时要多时段多点测量，取平均值确定推补电量。这种方法同样适用于 10kV 用户电压互感器一次侧熔丝熔断时的电量计算。

案例四 关口电能表电压异常分析

1. 故障描述

六合化工园钛白 1 号进线计量装置一直运行正常（10kV 高供高计，双回供电），2 月底，由用户报办功率因数有误，申请校表，3 月 2 号到现场进行电能表校验，接入仪器后，发现一号线电能表的三个电压数值有一个不正常（见图 3-23），现场测得数据：$U_{12}=94V$，$U_{32}=110V$，$I_1=I_2=1A$，$\widehat{U_{12}I_1}=179°$，$\widehat{U_{32}I_3}=346°$，$\widehat{U_{12}U_{32}}=70°$。根据相量判定，负载呈容性，逆相序，$U_{12}=U_{ba}$，$U_{32}=U_{ca}$，$I_1=I_a$，$I_2=I_c$。按图 3-24 改正了接线，接线改动之后，$\widehat{U_{12}U_{32}}=300°$，$\widehat{U_{12}I_1}=358°$，$\widehat{U_{32}I_3}=298°$。计量装置运行正常，电能表、负控、用户监控屏功率一致。

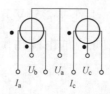 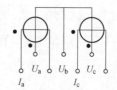

图 3-23 原接线图　　　图 3-24 改正后接线图

结合电压不稳（$U_{ab}≈90V$）判断有可能是电压回路出现了问题，但是一时无法判断是什么故障。当再次测量，$U_{cb}=U_{ac}=100V$，但 U_{ab} $≈90V$，且上下摆动出现电压不稳定现象，甚至低到 81V，可以判断二次电压存在问题。经过现场分析判断；一定是 A 相 TV 或 A 相 TV

熔丝发生了故障，但一时无法确定，且用户此时无法停电检查。

在这里需指出的是，图 3-25 中的原接线也就是初始接线，虽然是逆相序但接线没错，而改正的接线图却形成了电压的波动现象。此用户为两路进线，设计有 310 母联断路器。两路进线一定是经过核相的，TV 的二次电压一定是点对点的等电位。后续需要再去现场做以下测量，接线图如图 3-25 和图 3-26 所示。

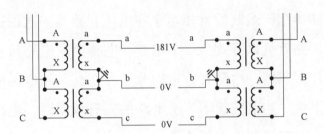

图 3-25　现场测量接线图（一）

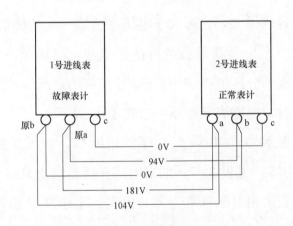

图 3-26　现场测量接线图（二）

后续再到现场检查进行测试，按照电能表原接线，两套表电压对应测量时（既测量两套表计的同相间电压），正常接线下，同相间电压应为 0V，但此时 $U_a=181V$、$U_b=0V$、$U_c=0V$。

2. 故障诊断

从上述现象看：①电压波动，故障表电压 U_{ab} 约 90V，两套电能表之间同相间电压有一相高时又达 181V（100V 的 $\sqrt{3}$ 倍）。②两元件之间的相位角应为 60°（或为 300°），而不应为 73。因此，初步讨论认为有以下情况：

（1）高压一次熔丝熔断。电压互感器一次熔丝是由熔丝、瓷芯、瓷套管、石英砂组成，熔丝均匀绕在瓷芯上，当熔丝熔断后，熔丝还是保持原状，熔断点一般都很短，断点在电路中就相当于一个电容。因此电压互感器熔丝熔断后就相当于在电压互感器一次回路串上一个电容，一次回路就可以等效为一个电容、电感串联电路接在交流电路中，因此电压互感器一次侧有一定的分压存在。另外电网中还存在着不同次数的谐波，当谐波频率等于电路的固有频率时，电路将发生谐振，使得电压互感器一次电压升高。

对于 10kV 计量电压互感器，当一次熔丝熔断后，由于断点的电容一般较小，容抗很大，它远大于电压互感器一次的感抗（$X_C \gg X_L$），因此一般情况下产生串联谐振的可能性很小，又因为 $X_C \gg X_L$，所以电压互感器一次的分压值也很小。（通过多年的现场实践，在 TV 二次没有其他负载时，电能表端电压一般在 10V 以下）

所以当计量装置 A 相或 C 相熔丝熔断后，电压互感器二次电压 U_{ac}、U_{bc} 基本为零，见表 3-7；如果电压互感器二次只接一只有功电能表，那么电能表该相电压基本为零，但实际上电压互感器二次不但接有功电能表还有无功电能表与指示仪表，所以在电能表端仍然有一定的电压。

表 3-7　　　　　计量装置 A 相或 C 相熔丝断后电压测量结果

一次断中相	一次边 A 相断	一次边 C 相断	
$U_{ac}=100$V	$U_{bc}=100$V	$U_{ab}=100$V	假设二次接一块电子式多功能
$U_{ab}=50$V	$U_{ab}=0$V	$U_{bc}=0$V	电能表负载
$U_{bc}=50$V	$U_{ac}=100$V	$U_{ac}=100$V	

（2）互感器故障。互感器故障有可能造成电压不稳且降低但是两表计间电压又如何升高 181V 的呢？

按照以上分析判断：互感器故障不可能，因为互感器发生的工作主要是匝间短路。发生这类故障有两种可能，①将互感器烧坏；②短路匝数很少，使得二次电压发生幅值变化不大。

排除了互感器故障，那么一定是 TV 熔丝故障，就是熔丝熔断，熔丝熔断后熔断点的等效电容，就相当于在电压互感器一次回路串上一个电容，此时该电容与互感器发生了串联谐振，谐振电流乘上互感器的感抗就是互感器上的电压，这个电压可能是幅值在 90V 左右，相位按顺时针移相了 240°左右。原 U_{ab} 在 11 点方向现在移相到 7 点方向如图 3-27 所示，按测量数据可将容性负载改正接线如图 3-28 所示，这种情况显然与现场实际情况有些不符。

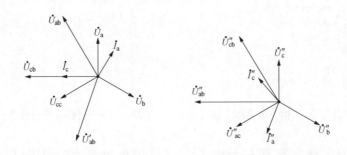

图 3-27　原接线测量相量图　　图 3-28　更改接线测量相量图

按图 3-27 分析，故障表电压是 $U_{cb}=U_{ac}=100V$，$U_{ab}=90V$ 左右，是成立的。故障表电压与非故障表电压之间的电压 $U_a=181V$、$U_b=0V$、$U_c=0V$ 也完全成立。因此可以初步确定是高压熔丝熔断并且与互感器发生了谐振。

依据以上分析，在征得用户同意后，将高压停下，做好安措，取下熔丝，当用仪表电阻挡测量 A 相高压熔丝时，回路不通，显然是高压熔丝熔断。之后换上新熔丝恢复送电，则故障消失。

3. 预防措施

（1）对于三相三线高压表接线，正常接线如图 3-29 所示，三个电压 $\dot{U}_1$、$\dot{U}_2$、$\dot{U}_3$，两个电流 $\dot{I}_1$、$\dot{I}_3$，两个元件的电压 $\dot{U}_{12}$、$\dot{U}_{32}$，当电压为逆相序时相量如图 3-30 所示，$\dot{U}_{12}$ 滞后 $\dot{U}_{32}$ 为 60°，但现场实际为 75°，测量 $\dot{U}_{12}$ 电压也不在 100V 左右，而是超过 100V，根据相量分析，由于熔丝熔断点很小形成的短时虚假电容，再与电压互感器形成的电感，两者串联，加在电能表的电压回路上，其电压值为电容电压和电感电压的相量和，造成电压波动和相角变大。

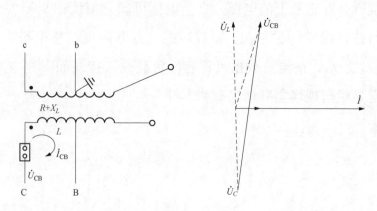

图 3-29 三相三线高压表接线图　　图 3-30 测量电压相量图

以上说法从文字和相量图看，或许可如此认为，但分析推敲，理由不适，第一熔丝熔断点即使很小，只形成电阻，不存在电容；那么电路的串联谐振使端电压升高的状态也不存在；第二电压 U_C 和电感电压 U_L 两相量和不成立。

（2）在切断感性交流电路时，由于电路中的参数不同，弧隙电压从电流过零时熄弧，电压开始恢复，恢复过程可能是非周期性的，也可能是周期性的。当电压为周期性恢复时，其幅值可能超过工频电压的 1.5～2 倍，即出现所谓震荡过电压（电弧理论）。

（3）根据熔断器的内部结构来看，由于铜或银熔件的表面焊上小锡球或小铅球，当熔件发热到锡和铅的熔点时，锡和铅的小球先熔化，而渗入铜和银熔件内部，形成合金，电阻增大，发热加剧，同时熔点降低，首先在焊有小锡球或小铅球处熔断，熔断点形成电弧是熔丝熔断。

因为电路中具有电感，所以随着电流的急剧变化，在电路中会出现较高的过电压，直达幅值，此值可能超过电源正常电压的几倍，它使电弧在较小的电流下继续燃烧，引起热游离，从而减慢了电流继续下降的速度，同时，维持电弧的电压和过电压也随着降低，过电压一直下降到与电源电压相同时才消失，此时电弧熄灭（熔断器理论）。

（4）根据现场情况分析判断，认为以下分析成立，即一次侧 C 相原先熔丝正常接通，电阻为零，电压为零，现熔丝出现很小熔点，在 CB 回路中形成高阻抗，反应到二次侧，使 U_c 的相电压相量增加一个 U_R，于是增加后的 U_c 再和 U_b 两相量相加得到 U_{cb}（见相量图 3-30），该相量幅值增加，相角也增加，由此推断，如果 B 相熔丝出现此现象，则 U_{cb} 增加，角度下降（见图

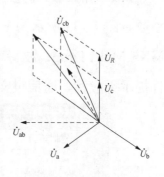

图 3-31　分析相量图

3-31）。由此认为高压熔丝在带电情况下，电压波动导致了这一现象。

案例五　并网电厂上网电量无法采集

1. 故障描述

2009 年 8 月，某供电公司调度中心发来故障联系单，某并网电厂上网电量无法采集。电厂共有上网计量表计三只，即：1 号发电机组、2 号发电机组、4 号发电机组上网表计。

2. 故障诊断

现场发现，之前该厂 2 号发电机组上网计量点更换过一块 elster

a1800 型号的电能表，更换过后发现所有电能表的数据都无法采集了。现场 1 号发电机组、4 号发电机组上网计量点电能表采用的是 EDMI 的 MK6E 型电能表，检查了一下两块表的参数，发现 elster a1800 型号的电能表使用的是 ANSI C12. 21 和 C12. 19 通信规约，MK6E 电能表使用的是 EDMI 通信规约。

电厂使用的电力负荷管理终端，不能同时支持两种通信规约的电能表，造成了信号的冲突，导致无法采集电量。

由于计量中心库备表中没有 EDMI 的 MK6E 同型号的电能表，只能找到同样通信规约的 EDMI 的 MK6，就用 MK6 换下了产生冲突的 elster a1800 型号电能表。

换好电能表后通过电脑软件在电力负荷管理终端里设置各种采集参数，图 3 - 32 所示为 EDMI MK6 表的设置参数：通信协议为 EDMI MK6 Multi Drop；波特率为 1200，N，8，1。设置完成并采集时，软件提示无应答，通信报文如图 3 - 33 所示。

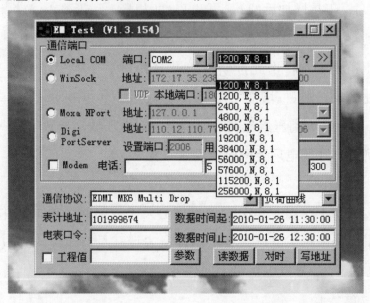

图 3 - 32　EDMI MK6 表的设置参数

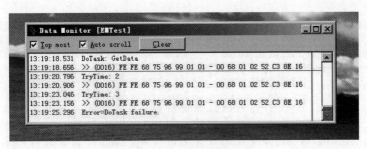

图 3-33　通信报文

再仔细检查表计，并从说明书中仔细核对 MK6E 和 MK6 的各项参数，发现虽然通信规约同样是 EDMI，但波特率却不同，MK6E RS-485 波特率为 9600，MK6 RS-485 波特率为 1200，这是软件仍无应答的原因。

为了统一通信规约和波特率，统一使用 3 块兰吉尔 ZXQ 型号的电能表，把 MK6 和 MK6E 全部更换掉。软件配置通信协议为 DLMS Landis & Gyr ZQ，波特率为 9600，N，8，1，配置图如 3-34 所示。试验通信采集数据，软件正常返回数据信号，正常运行后调度反映电量采集恢复正常应答报文如图 3-35 所示。

图 3-34　软件配置图

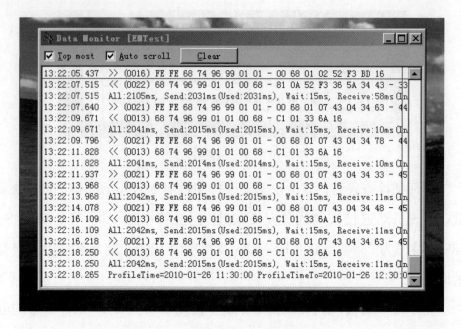

图 3-35　应答报文

3. 预防措施

这起终端采集故障主要是由电能表通信规约及波特率不匹配引起，虽然这同一块屏上的 3 块表单独运行都能正常工作，由于通信规约和波特率不同，最终，无法响应数据采集请求。

案例六　电能量无法采集

1. 故障描述

2009 年夏，调度中心通信远动班发来故障联系单，告知 110kV 某变电站的电能量通信采集系统发生故障，导致电能量采集系统无法远程采集整个变电站电能表的数据。

2. 故障诊断

110kV 某变电站电能量采集系统是使用 1 台安装在控制室的 DIGI 数据采集终端通过通信线连接到电能表 RS-485 通信接口，再通过网络线连接到调度中心的交换机。安装在变电站开关室的电能表通信规约是 DL/T 645—1997，波特率为 1200，从电能表通信接口连接到 DI-GI 数据采集终端一共有 4 个端口，2106 端口串接了 7 块出线电能表，2108 端口串接了 7 块出线电能表，2107 端口串接了 2 块站用变压器电能表，2104 端口单独接入 1 块 1011 号主变压器电能表。

来到现场，设置好笔记本电脑连接到 DIGI 数据采集终端，利用方天 EMTest 软件对通信端口选 1～2 个表地址进行通信测试，结果均出现错误报文。考虑到 DIGI 数据采集终端死机的可能，重启采集终端后，重新进行了通信测试。2104 端口、2106 端口、2107 端口上的所有电能表通信成功，2108 端口继续出现错误报文，将 2108 端口网线换到已通的 2107 端口上测试，端口还是出现错误报文，通信不成功，如图 3-36 所示。

图 3-36　2108 端口采集数据失败截图

　　根据以上分析，DIGI 数据采集终端没有问题，问题大概率出现在电能表上，在开关室，拆除连接到 2108 端口上 7 块电能表的所有 485 通信连线后，单独对电能表进行通信测试，电能表的 485 通信接口无信号输出。因此，故障点为电能表。更换相应电能表后，通过 DIGI 数据采集终端对电能表数据进行采集测试，通信成功，问题得以解决。

　　3. 预防措施

　　电能表通信出现故障会影响到同一个端口上的所有电能表无法采集到数据，甚至会影响到 DIGI 数据采集终端，并产生死机等情况，从而导致整个系统通信失败。

　　案例七　现场电能表故障分析

　　1. 故障描述

　　为查明故障电能表的故障情况，找出故障原因和存在的问题，对某地区 2009 年 11 月至 2010 年 10 月单、三相故障电能表进行统计分析，共计单相故障电能表报办故障总数为 2482 只，三相故障电能表报办故障总数为 258 只。

　　表 3-8、表 3-9 是对 2009 年 11 月至 2010 年 10 月故障电能表实验室检定的典型故障类型的统计。

表 3-8　　　　　　　　单相故障电能表部分故障数量

序号	故障	数量（只）	占报办故障总数的百分比（%）
1	单相电能表烧坏总数	1631	65.7
2	电能表合格，报办故障为表停	12	0.5
3	电子式单相多费率电能表合格，报办故障为远红外抄表不成功	37	1.5

表 3-9　　　　　　　　　　　三相故障电能表部分故障类型

序号	故障类型	数量（只）	占报办故障总数的百分比（%）
1	表烧，表内电压回路电压线被断开	7	2.7
2	严重烧毁，无法辨认、鉴别	4	1.6
3	485 所读电量与计度器所示电量不一致	8	3.1
4	485 通信口所读地址与条形码不符	7	13.2
5	电能表停走及无显示	34	13.2
6	各种原因表烧（包括 1、2 项）	62	24.0
7	三相四线复费率电能表走字试验不合格（为应计电量的 85.4 倍左右）	9	3.5
8	三相四线复费率电能表只累计总电量，峰、谷电量不累计	7	2.7
9	未见表（因各种原因有故障流程传票但未将表送来复检的）	10	3.9

2. 故障诊断

（1）针对单相电能表烧坏的分析。为了查明为何单相电能表烧坏的数量如此之大，占报办故障总数的 65.7%，采用了统计的分析方法，用于分析的统计数据剔除了因火灾烧坏而非电能表本身发生故障和电能表合格误报故障的数据，见表 3-10 和图 3-37。

表 3-10　　　　　　　　　　　电能表烧坏统计数据

装表时间（年）	2003	2004	2005	2006	2007	2008	2009	2010
表烧数量（只）	310	797	143	63	39	40	14	10

本次分析数据采用了 2009 年 11 月至 2010 年 10 月单相故障电能表的统计数据，剔除干扰数据之后的单相故障电能表总数为 2208 只，单相电能表烧总数为 1609 只，表烧占故障电能表总数的 72.9%。其中型号为 DDSF151 的电能表烧数量为 1416 只，占表烧总数的 88.0%，

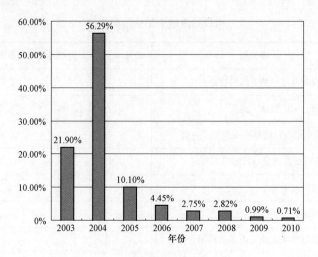

图 3-37　柱形统计图

所以选择型号为 DDSF151 的电能表作统计分析，将表烧数据按装表时间、故障表烧拆回时间分别统计，见表 3-11 和图 3-38。

表 3-11　　　　　　　　　按发生表烧故障、拆回月份

表烧拆回年月	2009.11	2009.12	2010.1	2010.2	2010.3	2010.4	2010.5	2010.6	2010.7	2010.8	2010.9	2010.10
表烧数量（只）	67	159	129	116	126	83	81	77	150	186	163	79

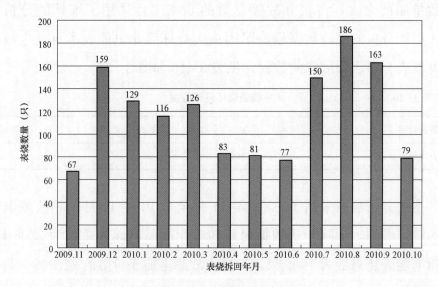

图 3-38　柱形统计图

126

（2）图表分析。2003、2004 年表烧数量最多，共占单相电能表实际故障数的 78.2%，经在系统内查询，目前此型号电能表在运行总数为 1258812 只，因与故障表的数量等级相对比，可以计算为装表总数。表烧故障分析见表 3-12。

表 3-12　　　　　　　　　　表 烧 故 障 分 析 表

年份	2003	2004	2005	2006	2007	2008	2009	2010
表烧总数（只）	310	797	143	63	39	40	14	10
装表总数（只）	265428	616347	87134	93822	66547	53454	33473	42607
表烧占总数（%）	21.1	50.5	6.9	7.5	5.3	4.2	2.6	3.3
表烧故障率（%）	0.12	0.13	0.16	0.07	0.06	0.07	0.04	0.02

分析原因：2003、2004 年安装此型号单相电能表最多，且至目前电能表已运行 8 年左右，运行时间长，所以表烧绝对总数、故障率远大于 2006 年至 2010 年表烧故障；12、1、2、3、7、8、9 月表烧数量最多，这几个月南京因为气候的缘故，正是用电高峰，电能表超负荷运行，易造成表烧；另有 2009、2010 年装表并因表烧拆回的有 13 只，其中装表 2 个月左右拆回的有 5 只，另 8 只在半年左右拆回。由上述统计数据分析可知电能表运行时间长、客户超负荷用电是电能表烧坏的主要原因；少量短时间内表烧拆回的，分析有可能由于电能表装表质量不合格等原因造成，例如电能表装表接电时接线未接紧、接触不良，导致电能表发热烧坏，装表后没有立即烧坏，可以考虑因为有些客户装表后并未立即居住、用电。

针对电能表合格报表停的情况，在拆回故障表前应仔细检查现场是否有以下情况以及其他异常情况等。

（3）电能表分析。显然如果现场电能表被绕越，会造成电能表在实验室检定合格，而现场不计电量的现象。

（4）单相电能表相线与中性线接线分析。如图 3-39 所示，如果单相电能表接入表内的相线与中性线接反，用电客户可以将用电负荷接于相线与地线之间而不经过电能表的电流线圈，导致电能表停、不计电量或漏计电量。

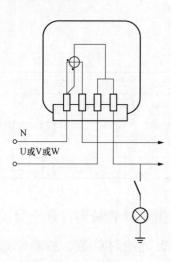

N

U或V或W

图 3 - 39　单相电能表

（5）电能表内电压连片分析。针对电子式单相多费率电能表合格，报办故障为远红外抄表不成功的情况，在实验室发现有部分批次的电子式单相多费率电能表在采用远红外抄表时，需输入电能表资产编号的指定四位数，而不是通常的五位数；通过及时与相关人员的沟通，在输入正确的电能表资产编号的指定位数后，这个情况已经明显改善，建议加强日常的学习，熟悉电能表、抄表用掌上电脑等，避免误报故障。

（6）针对三相四线电能表内电压回路中电压线被断开情况的分析。

三相四线电能表若接线正确、负荷平衡时，正确计量功率应为 $P = 3U_{ph}I_{ph}\cos\varphi$，当断开一相表内电压线，则所计量功率为 $P = 2U_{ph}I_{ph}\cos\varphi$，少计 1/3 电量；当断开两相表内电压线，则所计量功率为 $P = U_{ph}I_{ph}\cos\varphi$，少计 2/3 电量（式中 U_{ph}、I_{ph} 分别为相电压、相电流，φ 为功率因数角）。

当三相四线电能表中性线未接好，若负荷平衡时，断开一相表内电压，则少计 1/2 电量。

由此可知，三相四线电能表采取断开电压线的方法可以少计电量，达到窃电目的。

（7）电能表本身情况分析。电子式三相四线复费率电能表走字试验不合格，均为应计电量的 85.4 倍左右，已发现有 9 只，为同一厂家、同一型号、同一批次的电能表。

电子式三相四线复费率电能表只累计总电量，总电量计量正确，峰、谷电量不累计的情况已发现有 7 只，为同一厂家、同一型号、同一批次的电能表。

发生这两种故障的电能表均为同一厂家、同一型号、同一批次的电能表，表明电能表有批次质量问题，已建议暂停将有问题批次电能表装至运行现场。

对电能表保证首次检定的质量有助于及时发现电能表故障，避免将有缺陷的电能表装至运行现场；另电能表质量不够稳定，也会造成在现场运行条件的影响和干扰下，电能表发生故障；表烧、表内电压回路电压线被断开；部分电能表严重烧毁、无法辨认、鉴别；485 所读电量与计度器所示电量不一致；电能表停走；部分 485 通信口所读地址与条形码不符等情况涉嫌窃电。

3. 预防措施

相关人员要加强学习，熟悉电能表及常用设备、熟悉电能表现场接线等，做到正确判断故障，日常的技术培训要落到实处；保证电能表首检质量；建议今后对部分拆回故障电能表如部分表烧、表停电能表必要时进行开盖检查，以便了解故障电能表真实的运行情况及故障原因，以便发现常规检查未能发现的问题；采用先进的技术和设备，对电能数据进行实时抄收、实时监测，及时了解电能表运行情况等信息，在科技迅猛发展的今天，是大势所趋；建议完善现场电能表故障处理流程，当处理故障人员到现场发现电能表故障异常时，应及时采集电能表现场运行情况的资料及证据，以分清责任；完善管理制度，加强管理并严格落实执行，对一些由于外部各种因素造成的电能表故障，有窃电行为的，应依法严肃查处，采取相应的措施，维护国家和企业的利益。

可采取的措施及对实际工作的意义、成效自查、监督检查，针对由于装表接电质量不合格造成的表烧，按局编号工单等在营销系统中查询，直至查清具体装表人，提交给相关部门，请其对自己所装电能表的装表质量进行自查，相关负责人进行监督检查，以杜绝这部分表烧故障，以降低表烧故障率。建议装表接点人员采取自查、监督检查的措施对于实际工作的意义在于：无论何种类型的电能表，无论现在还是将来，都必须采取措施保证装表质量，不然只能带来损失。

制订客户提醒项目：对于因客户超负荷用电造成的表烧，可以制订一条客户提醒项目，在客户办理换表手续时，建议其办理增容，以避免今后超负荷用电造成表烧，影响客户用电，同时也降低了这部分故障发生率。

对误报远红外抄表不成功故障的处理：发现时联系相关人员，并告知正确的抄表方法，同时汇报给相关领导，将有关此类电能表的抄表方法下达至各相关班组人员。这类误报故障此后尚未发现。

针对发现的电能表质量缺陷问题：三相四线复费率电能表走字试验不合格（为应计电量的85.4倍左右）及三相四线复费率电能表只累计总电量，峰、谷电量不累计的电能表故障情况，在发现故障及时汇报的同时，也专门汇总建成表格提交，相关部门已经组织人员排查，目前已换回35块故障表，未装出的同批次电能表做返厂处理；尽早换回有缺陷的故障表，能将不良的社会影响减小到最低程度，维护公司的形象，并减少由此带来的经济损失，具有重大意义。

现在大家都非常重视电能表的首次检定，即使工作任务再重、工作量再大、加班加点都要求一丝不苟地完成电能表首检的每个项目。

针对三相四线电能表报办故障为表烧，经实验室检查表内电压回路电压线被断开的情况，发现这种情况7只电能表中有6只出现在同一个故障处理片区，且有4只是相同的两人去处理，两只由同一班组另一人处理，考虑到这种情况可能不只是偶然，所以在发现问题及时汇报的情况下，又专门汇总建成表格，提交给领导及相关部门，正调查处理。

针对表烧，表内电压回路电压线被断开；部分电能表严重烧毁，无法辨认、鉴别；485 所读电量与计度器所示电量不一致；电能表停走；部分 485 通信口所读地址与条形码不符等情况涉嫌窃电的，建议成立专项小组，采取一系列措施整治不法行为：当报修中心接到客户描述表烧、抄表人员发现表停、电能表异常、装接班到现场换表发现电能表铅封被动过、电能表盖不完整等现象，及时与专项小组联系，迅速到现场取证、办理手续后再作换表处理，以便掌握处理不法行为的主动权。

故障电能表的实验室检定是在实验室条件下对属于本企业资产的拆回故障电能表的检定，除掌握电能表检定技能外，还必须掌握不法分子所采取的窃电手法，掌握更多、更全面的知识，不断学习和总结，提高自己的专业能力；必须坚持执行相关的电能计量法律、法规、规程及规章制度，依法检定电能表，以认真严谨、实事求是的态度，坚持以事实为依据，及时、公正、公平、合理地提出检定意见、出具检定结果分析报告。

故障电能表实验室检定还要及时进行故障电能表数据分析，以便及时发现问题、解决问题。

案例八　电压、电流故障对电能表的影响

1. 故障描述

普通三相有功电能表 A 相分元 I_{max} 电流升不上，装置报警。经查是电流为 20（100）A 的电能表，升大电流时，装置显示"AA"报警，小电流工作点误差无超差及报警现象。

2. 故障诊断

检查电流桩头螺钉是否旋紧、令克片是否打开。经查，发现某块表计打开后未旋紧固定，同电流桩头螺钉有轻微接触（见图 3 - 40），因此在通过大电流的情况下，装置电流回路串入电压回路引起短路，装置保护动作报警。令克旋紧螺钉固定后，A 相电压同电流回路分离，装置工作正常，误差数据无超差。

图 3 - 40　表计实际接线图

3. 预防措施

因此装接表计时，电压、电流回路需仔细检查，杜绝因电压、电流端子误碰引起的装置保护动作而报警，确保台体装置的安全。

3.8　电能表的改造

接地是电子设备的一个很重要问题。接地目的有三个：

（1）接地使整个电路系统中的所有单元电路都有一个公共的参考零电位，保证电路系统能稳定地工作。

（2）防止外界电磁场的干扰。机壳接地可以使得由于静电感应而积累在机壳上的大量电荷通过大地泄放，否则这些电荷形成的高压可能引起设备内部的火花放电而造成干扰。另外，对于电路的屏蔽体，若选择合适的接地，也可获得良好的屏蔽效果。

（3）保证安全工作。当发生直接雷电的电磁感应时，可避免电子设备的毁坏；当工频交流电源的输入电压因绝缘不良或其他原因直接与机壳相通时，可避免操作人员的触电事故发生。此外，很多医疗设备都与病人的人体直接相连，当机壳带有 110V 或 220V 电压时，将发生致命危险。

因此，接地是抑制噪声防止干扰的主要方法。接地可以理解为一个等电位点或等电位面，是电路或系统的基准电位，但不一定为大地电位。为了防止雷击可能造成的损坏和工作人员的人身安全，电子设备的机壳和机房的金属构件等，必须与大地相连接，而且接地电阻一般要很小，不能超过规定值。

电路的接地方式基本上有三类，即单点接地、多点接地和混合接地。

当许多相互连接的设备体积很大（设备的物理尺寸和连接电缆与任何存在的干扰信号的波长相比很大）时，就存在通过机壳和电缆的作用产生干扰的可能性。当发生这种情况时，干扰电流的路径通常存在于系统的地回路中。在考虑接地问题时，要考虑两个方面的问题，一个是系统的自兼容问题，另一个是外部干扰耦合进地回路，导致系统的错误工作。由于外部干扰常常是随机的，因此解决起来往往更难。

第4章 变送器

4.1 电量变送器基本原理

电量变送器是一种将被测电量（交流电压、电流、有功功率、无功功率、有功电能、无功电能、频率、相位、功率因数、直流电压、电流等）转换成按线性比例直流电流或电压输出（电能脉冲输出）的测量仪表。它广泛应用于电气测量、自动控制以及调度系统。

4.1.1 基本测量电路

电量变送器的基本测量电路框图见图 4-1。

图 4-1　电量变送器基本测量电路框图

1. 信号输入隔离

由于需要测量的电量一般都为电压 57.7～380V 和电流 1～10A，如果不对它们进行隔离和把幅度减小，将对人身安全和设备造成严重威胁，信号输入隔离一般采用电压互感器（TV）和电流互感器（TA），对这一部分的基本要求：

（1）信号隔离的耐压绝缘性能要好，耐压应大于 2kV。

（2）线性要好，由于 TV、TA 都采用铁磁材料加工而成，它们的线性不好，在以后的电路中是很难补偿的，因此，一定要选用优质材料和先进工艺制造的高线性度 TV、TA，才能保证变送器测量的线性度。

（3）TV、TA 的输出负载要小，由于变送器使用的 TV、TA 的铁芯截面受体积限制都比较小，因此随着输出负载的增大，其非线性将急剧增加，一般 TV 的输出电流应小于 1mA，TA 的输出电流应小于 10mA（一般为 5mA 左右），取样电阻应小于 200Ω。

2. 电量转换电路

这部分是电量变送器的核心，通过它把不同的被测电量转换成相应的输出电量，相应于不同的被测电量而采用不同的转换电路。

3. 输出电路

这部分电路的作用是输出变送器需要输出的电量，它的基本要求是：

（1）具有一定的带负载能力。

（2）恒定输出。即在一定的负载范围内，其输出值不受负载变化的影响，即在电压输出时，应为恒压输出，电流输出时应为恒流输出。

输出的一般电路如图 4-2 所示。

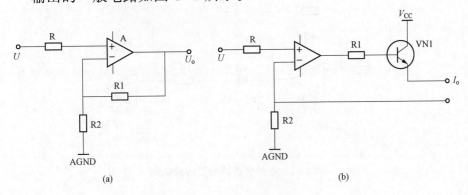

（a）   （b）

图 4-2　输出电路原理图

（a）电压输出；（b）电流输出

图 4-2 中 A 为运算放大器，VN 为晶体三极管，扩大运算放大器的输出电流。部分变送器将该电路和电量转换电路合并在一起。

4.1.2 交流电压、电流变送器

交流电流、电压变送器除了输入隔离部分有差别外，其他电路基本一样，输入隔离部分的电路如图 4-3 所示。

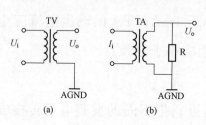

图 4-3 电量变送器隔离电路图

（a）电压变送器；（b）电流变送器

二者之间的差别为电压变送器采用 TV，其二次输出电压可直接输入下一级转换电路，而电流变送器是采用 TA，其二次输出电流先经 R 变换为电压后再输入下一级转换电路，其好处为只要选择合适的二次电流值和 R，后面的电路可和电压变送器完全一致。

电压、电流变送器的测量目前大都采用平均值转换，其基本电路如图 4-4 所示。

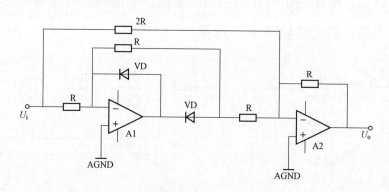

图 4-4 电量变送器测量转换电路

这实际上是一个精密全波整流电路，它的特点是线路简单和线性度好，但缺点是波形失真度对它的影响较大。这在某些波形失真较大的电路中（如负载为晶闸管等），采用真有效值变换的测量仪器比对时，有可能产生一定的误差，这在现场在线校验这类变送器时，如果标准表是真有效值变换的其误差就有可能和实验室测试的结果不一致，因此对该类变送器的校准，应在波形失真度小于 0.2% 的电源上进行。

4.1.3　有功功率变送器

1. 单相有功功率变送器

这类变送器虽然应用较少，但是它是三相有功/无功功率变送器的基础，因此先介绍它的基本原理，它的基本电路如图 4-5 所示。

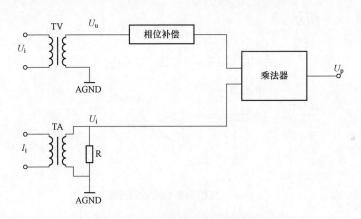

图 4-5　单相功率变送器原理框图

电路中，TV、TA 和电压电流变送器一样，作为输入隔离，TV的二次电压和 TA 的二次电流经变换成电压后都输入至乘法器，使乘法器输出的直流电压 $U_p = U_u \times U_i \cos\varphi$（式中 U_p 为乘法器输出电压，U_n 为 TV 二次电压，U_i 为 TA 二次电流经 R 变换后的电压，φ 为 U_u和 U_i 的夹角），从而将功率变换为直流电压。

目前，功率变送器中大都采用的是时分割乘法器。这类乘法器的特点是：测量频率较低（一般小于 1kHz），但是其线性度相当好，最高可达到 0.01％以上，这对于电网电量的测量是相当合适的。实际上，高标准的功率、电能标准器也大都采用了这类乘法器，电路中的相位补偿电路就是对变送器功率因数影响的补偿，一般都用 RC 元件加在电压回路中。

2. 三相有功功率变送器

三相有功功率变送器又可分为三相三线（三相二元件）和三相四线（三相三元件）两类。其测量原理是相同的，仅是其接线方式不同。

三相有功功率变送器实际上是把两个（二元件）或三个（三元件）单相功率变送器的输出电压相加，从而得到三相功率变送器，其基本电路如图 4-6 所示。

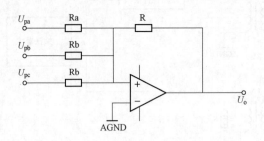

图 4-6　三相功率变送器原理框图

4.1.4　无功功率变送器

无功功率的测量，根据接线方式的不同，一般可分跨相法和 90°移相法两种。

1. 跨相 90°无功功率测量

跨相 90°无功功率的测量，其基本原理和有功功率测量相同，仅是改变了电压的输入方式，电路如图 4-7 所示。

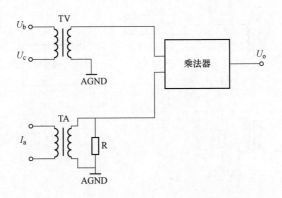

图 4 - 7 跨相 90°无功功率变送器原理框图

乘法器的输出电压为

$$U_o = kU_{bc}I_a\cos\varphi$$

式中 k——比例系数，可由电路设定。

因 U_{bc} 滞后于 U_a 90°，因此公式可变换为

$$U_o = k\sqrt{3}U_aI_a\cos(90° - \varphi) = k\sqrt{3}U_aI_a\sin\varphi$$

即 U_p 正比于 A 相的无功功率，由于跨相法的输入线电压幅值为相电压的 $\sqrt{3}$ 倍，因此在变送器内部可调整电路参数，使比例系数 k' 调整为有功功率测量系数 k 值的 $1/\sqrt{3}$，则仍可保证原有转换比例系数不变，如果用有功功率变送器改变外接线的方法来测量无功功率，则必须引入相应的接线系数，这在相应的检定规程中已有规定。

2. 移相 90°无功功率测量

移相 90°无功功率测量又称正弦法无功功率测量，其基本电路如图 4 - 8 所示。

乘法器输出电压为

$$U_o = kU_aI_a\cos(90° - \varphi) = kU_aI_a\sin\varphi$$

90°移相电路一般采用 RC 元件，使移相电路的输出电压滞后于输入电压 90°。

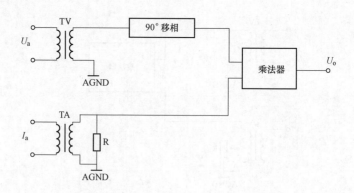

图 4 - 8　移相 90°无功功率变送器原理框图

3. 两种功率测量电路的比较

跨相 90°无功功率测量，由于输入的电压、电流不为同一相，因此，三相电压的不对称的影响量较大。

移相 90°无功功率测量的电压回路由于采用了 RC 元件，因此输入频率的影响量较大。

两种测量电路的特点见表 4 - 1。

表 4 - 1　　　　　　　　　　两种测量电路的特点比较

比较项目	跨相 90°	移相 90°
三相不对称影响	大	很小
频率影响	小	大
单相测量	不能	能

目前，国内的无功功率测量仍大部分采用跨相 90°无功功率变送器。由于无功功率测量的特点，在校准和检测时应注意以下两点，以免带来较大的附加误差：

（1）被测变送器和标准表应为采用同一种测量方式。

（2）如确实保证被测变送器和标准表测量方式一致，则应把测试电源的三相对称度尽可能调至接近完全对称。

4.1.5　频率变送器

频率变送器原理框图如图 4 - 9 所示，电压信号经 TV 隔离后将正弦波通过波形整形电路变换成方波，并进行周期测量，然后把周期的变化转化为脉宽（占空比）的变化（即脉宽调制），最后通过积分电路积分后送输出电路，最终得到 4~20mA 或 0~5V 直流信号输出。

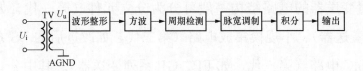

图 4 - 9　频率变送器原理框图

4.1.6　功率因数（相位）变送器

功率因数（相位）变送器原理框图如图 4 - 10 所示。

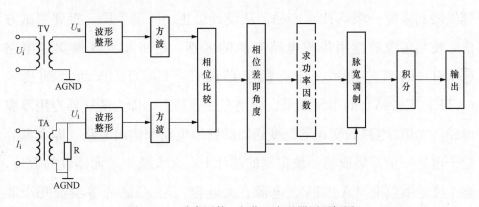

图 4 - 10　功率因数（相位）变送器原理框图

电压及电流信号经过各自的波形整形电路将正弦波转换成方波，然后进行相位比较，得到电压与电流的相位差（角度）。

如果是相位变送器，则将角度值直接送脉宽调制电路得到占空比随角度变化而变化的方波信号，最后通过积分电路积分后送输出电路，得到 4~20mA 或 0~5V 直流信号输出。

如果是功率因数变送器，则根据得到的角度值查 COS 表求得功率因数值，再将功率因数值送脉宽调制电路得到占空比随功率因数变化而变化的方波信号，最后通过积分电路积分后送输出电路，得到 4～20mA 或 0～5V 直流信号输出。

4.1.7　电路结构

电量变送器的电路结构一般可分为分立元件（第一代，如早期的 FS 系列变送器）、小规模集成电路（第二代，如改进后的 FS 系列变送器）、ASIC 电路（第三代，如 FP、GP 系列变送器）。其中分立元件的变送器由于稳定性、可靠性差已逐步淘汰，目前大量使用的为第二代、第三代电路。由于 ASIC 电路（第三代）具有与前二代电路无可比拟的优点，得到越来越广泛的应用。

ASIC 是"特制集成电路"的英文缩写，它是 20 世纪 80 年代末迅速发展起来的一项高技术产品。从设计思想、研制手段，直到测试方法，使与传统的通用集成电路有质的区别，是将超大规模集成电路（VLSI）的工艺技术、计算机辅助设计（CAD）、自动测试技术（ATE）三者结合的丰硕成果。应用在变送器上，即为变送器专用厚膜电路。ASIC 电路的变送器把变送器的转换电路和输出电路（即大部分电子电路）全部集成到一块定制的芯片上，大大减少了元器件的数量，整个变送器仅有 TA、TV、电源、大电容、ASIC 芯片等少数几个器件，从而可大大提高整个变送器的可靠性和长期稳定性。

4.2　发电机变送装置智能化发展趋势

4.2.1　背景

近年来，国内火力发电机组发生多起由于发电机功率变送器输出的功率信号发生畸变而导致汽轮机保护误动，有的甚至造成机组全停，严重影响机组的安全运行。目前，由电气侧传送至 DEH、AGC 等控制系统的 4～20mA 功率信号普遍采用模拟式功率变送器，此类变送器在系统稳态时，可提供满足精度要求的功率信号，但当系统发生瞬时故障（如雷击）等情况下，模拟式功率变送器就无法提供准确的功率信号，近年引发的跳机事故也是时有发生。因此，功率变送器的暂态性能引起了行业越来越多的注意。新型的数字式功率变送装置，既满足稳态精度要求，也能在系统暂态情况下真实、准确、及时地输出功率信号，确保 DEH、AGC 等控制系统逻辑采样正确。

4.2.2　模拟式功率变送器现状

近年来因为模拟式功率变送器测量暂态失真，造成的跳机事故时有发生。

一般在 DEH、AGC 等控制系统中，PLU、KU、OPC 虽然功能各不相同，但都有一个共同点，就是发出的指令都指向汽门快关，同时根据电气侧有功功率信号的变化来调节汽门的开度。因此电气侧有功功率信号的质量，也就是功率变送器暂态特性、精度、响应速度、抗扰动能力等对 PLU、KU、OPC 等功能都有直接的影响。PLU、KU、OPC 测量电气功率依靠发电机有功功率变送器来实现。模拟式的发电机功率变送器是一个薄弱环节，存在以下问题。

（1）抗电磁干扰能力差。某 600MW 机组的功率负荷平衡保护是采用有功功率变送器来实现的。在 2008 年首次启动和运行 1 年后首次大修后启动试验时，先后发生多次"功率负荷平衡保护"动作跳机的事故，原因皆为试验期间对讲机干扰导致功率变送器输出异常，曾在空负荷下实测机组瞬间达到 700MW。

（2）缺少二次回路断线闭锁。传统的功率变送器不具有电压、电流二次回路发断线故障的闭锁功能，当发生断线时只会将故障状态如实地转换为功率输出，功率信号失真不可避免。2015 年 4 月 15 日，神华万州电厂 2 台百万机组，由于 1 号机组发电机出口 TV 柜二次侧空气开关掉电，发电机有功功率变送器失去测量电压，发电机功率信号由 907MW 突降至 0，触发功率负荷不平衡保护（PLU）动作，造成发电机功率振荡。

（3）系统振荡误动作。系统振荡时的功率会有剧烈变化，但变送器输出的功率信号与甩负荷事故信号无法区分，极有可能导致保护误动作。2017 年 5 月 27 日，宁夏某电厂 750 系统单相故障产生系统扰动，参与调节的有功功率变送器暂态失真，提供给热工发电机汽轮机负荷中段控制功能 KU 一个错误的功率信号，导致 KU 迅速关汽门，导致跳机。

功率变送器存在的这些缺陷，使得 PLU、KU、OPC 误动的可能性大大增加。而 PLU、KU、OPC 误动的后果，轻则机组振荡，重则导致机组停机。

跳机类型一：国调中心 2014 年 5 月 7 日通告，2013 年 6 月，浙江某发电厂 3、4 号机组（660MW），因为出线 B 相接地，发电机功率变送器输出畸变，引发汽轮机汽门快控误动，造成 3、4 号机组跳闸。2017 年国调 90 号文通告的 527 事故跳机电厂与 2013 年 6 月浙江跳机的情形相同。由图 4-11 可见当时的功率波动不至跳机，当时对所用的同一只变送器做了三次回放，见图 4-12 三次输出功率波形完全不相同，完全无序且失真的。可见宁夏某电厂，750 系统单相故障产生系统扰动，参与调节的有功功率变送器暂态失真，提供给热工发电机汽轮机负荷中断控制功能 KU 一个错误的功率信号，导致 KU 迅速关汽门，导致跳机。

跳机类型二：2014 年 5 月，江苏某发电厂 1、2 号机组

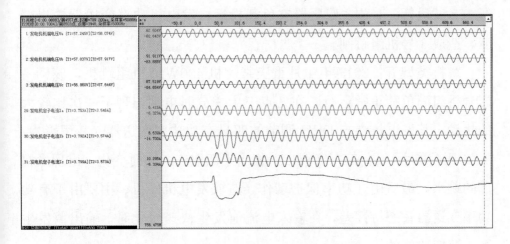

图 4-11　国调 90 号文 527 事故的实际波形

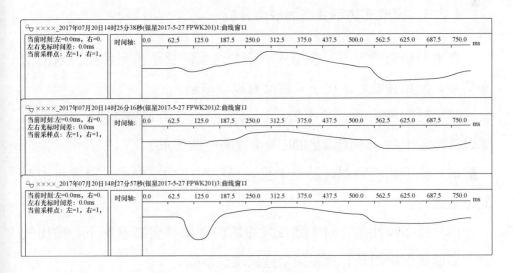

图 4-12　527 事故实际波形变送器回放三次

（660MW），因为 220kV 线路出现故障，发电机功率变送器输出畸变，造成 1、2 号机组跳闸。

　　跳机类型三：2015 年 4 月，四川某 1000MW 机组跳闸，因为出现 TV 二次侧空气开关掉电，造成了发电机功率输出瞬时为零，汽轮机"功率-负荷不平衡保护"保护动作，引发了省级电网的负荷摆动。

　　跳机类型四：2015 年 5 月，安徽某电厂 3 号机组（1000MW）进行168试运行，4号主变压器空负载投运，发电机功率变送器输出畸变，造成3号机组跳闸。

跳机类型五：2015年4月重庆某燃机400WM机组跳机，该厂一二号机组满负荷正常运行，在九点三十一分时电网出现了一次比较大的扰动，其发电机参与DEH调节的四只有功功率变送器（其逻辑为：3、4比较取大，再和1、2取二，相当于四取二）同时变化，出现大幅度的跳水，最后由逆功率保护动作，造成发电机停机。主要由于有功功率变送器暂态特性差，在输入电流值发生快速变化时，输出值发生严重畸变造成的。

4.2.3　模拟式功率变送器缺点分析

在电网稳态情况下，模拟式功率变送器能提供满足精度要求的功率信号，但是在暂态工况下，就会有以下缺陷：

（1）时间响应长，功率输出固有延时长（普遍在250～300ms），瞬时故障发生时，不能满足DEH快速响应的要求。

（2）抗干扰能力弱，易受干扰，导致输出功率畸变，造成机组不能稳定运行。

（3）暂态特性差，对于系统发生瞬时故障等暂态状况下，输出失真，易造成保护误动，近年频繁造成跳机事故。

（4）采样可靠性差，只接入一组TV和一组TA，当TV或TA断线时，导致发电机功率测量错误，且没有TV和TA断线报警功能。

（5）缺少对异常状态记录功能及装置自身的故障报警。

4.2.4　数字式智能变送装置特点

行业内有厂家针对模拟式功率变送器的缺点，研发了新型的发电机智能变送装置，具有良好的暂态特性，可以保护PLU、KU、OPC

控制系统的功率采样准确。

目前已实施的 GB/T 50063—2017《电力装置电测量仪表装置设计规范》也明确提出"对于火力发电厂汽轮发电机组,参与汽轮机调节的功率变送器,还需考虑功率变送器的暂态特性"的要求。新型的发电机智能变送装置不仅满足稳态精度要求,而且具有良好的暂态传变特性,满足准确性、及时性和稳定性要求。

新型发电机智能变送装置的原理基于继电保护装置软硬件平台,采用模块化设计,同时采集发电机出口两组电压和两组电流(一组测量级 TA 和一组保护级 TA),通过微处理器运算,实时输出各种电气量(如电流、电压、有功功率、无功功率、负序电流、功率因数等)。

发电机智能变送装置主要特点:除了具有测量功能外,装置还具有保护功能,装置可以分析异常工况并发出动作指令。满足暂态特性和变送器精度要求,在正常情况下装置采用测量输入数据计算,发生功率突变时装置采用保护级输入数据进行计算,同时装置具备判断 TA 断线、TV 断线功能;响应时间短在 40ms 之内能满足系统故障快速响应的要求;装置跟系统时钟同步,具有录波功能,可以多路输出。抗干扰能力达到严酷Ⅳ级,软硬件共同优化,国标要求继电保护装置及安全自动装置的抗干扰能力为严酷Ⅲ级;针对电网出现瞬时故障时,采用切换 TA 的方式。装置同时接入一组测量级 TA 和一组保护级 TA(具有发明专利保护该项功能),当系统发生扰动时,智能功率变送装置可以通过测量电流的增量,从测量级 TA 切换到保护级 TA,使得测量的功率值和真实的功率值相差不大;当出现和应涌流时,装置能自动检测基波分量中的直流分量的含量,作为切换 TA 的条件,解决了测量级电流互感器暂态饱和的问题。通过软件实现测量级 TA 和保护级 TA 快速无缝自动切换,具有良好的暂态特性,能确保发电机功率自动调节系统和 DCS 系统可靠运行不受高温、高电压、强磁场环境影响，可靠性高。同时，装置可自动启动故障录波，便于分析事故原因。装置还具有事件记录功能，包括装置自检信息、保护动作信息及各类操作信息，便于查找及分析。

4.2.5　数字式功率变送装置原理

数字式功率变送装置利用 A/D 采样将电压、电流模拟信号转换为数字信号，按照科学算法计算出功率等需要的电气量，最后输出 4～20mA 模拟量至 DEH。

1. 功率计算

采用全周傅里叶算法计算有功功率和无功功率，当保护级 TA 的电流大于 1.1 倍额定电流时，功率计算采用保护级 TA 电流，否则采用测量级 TA 电流，这样同时兼顾正常运行和故障情况下的准确测量。

算法具有良好的暂态特性，确保系统短路故障时，功率的准确测量，为发电机有功功率自动调节系统和 DCS 系统可靠运行创造条件。

功率因数计算公式

$$\cos\varphi = \frac{P}{\sqrt{P^2+Q^2}}$$

2. 负序电流计算

采用全周傅里叶算法计算负序电流，电流的选取原则同上，兼顾正常运行和故障情况下的准确测量。

3. 频率计算

利用发电机机端电压，采用全周傅里叶算法准确计算发电机频率。

4. TV 断线判据

动作判据：

（1）正序电压小于 20V，且机端任一相电流大于 $5\%I_N$。

（2）负序电压大于 2.5V。

满足以上任一条件延时 10s 发 TV 断线报警信号，异常消失后延时 10s 信号自动返回，TV 断线判据的逻辑图如图 4-13 所示。

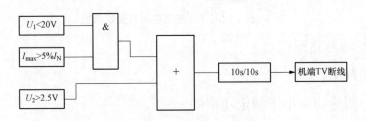

图 4-13　TV 断线判据逻辑图

5. TA 断线判据

TA 断线判据针对三相四线制，动作判据：三相 TA 的自产零序电流（$3I_0$）大于 25% 的最大相电流与 $5\% I_N$ 之和，延时 10s 报警，异常消失后延时 10s 返回，TA 断线判据的逻辑图如图 4-14 所示。

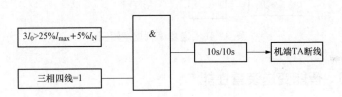

图 4-14　TA 断线判据逻辑图

6. 测量 TA 与保护 TA 差流越限

动作判据：

测量 TA 最大相电流与保护 TA 最大相电流的差大于测量 TA 最大相电流的 0.05，并且测量 TA 最大相电流大于额定电流的 30%。

满足以上条件延时 10s 发测量 TA 与保护 TA 差流越限报警信号，异常消失后延时 10s，信号自动返回，测量 TA 与保护 TA 差流越限判据的逻辑图如图 4-15 所示。

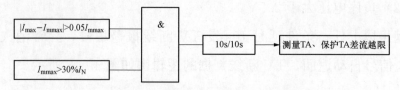

图 4-15　两组 TA 差流越限判据逻辑图

7. 逆功率越限

动作判据：

(1) 测量功率小于额定功率的−5%。

(2) 保护功率小于额定功率的−5%。

满足以上任一条件延时 10s 发逆功率越限报警信号，异常消失后延时 10s 信号自动返回，逆功率越限判据的逻辑图如图 4-16 所示。

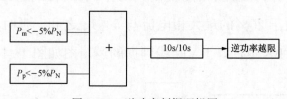

图 4-16　逆功率判据逻辑图

4.2.6　智能变送装置性能

采用上述原理，行业内有厂家成功研制出数字式发电机智能变送装置，国网浙江省电科院有相当的暂态特性试验经验，对相关发电机智能变送装置进行了暂态特性测试实验。

1. 测试方法

对发电机智能功率变送装置暂态特性采取两种方法：①对已发生事故的机组故障录波数据进行回放，对功率变送装置的输出进行录波，观察功率变送装置的暂态输出特性。②利用殷图仿真系统搭建仿真模型，分别模拟单相接地短路、两相接地短路、相间故障等各种故障类型，将发电机的电流、电压输入被检测的功率变送装置，并对其输出进行录波，观察在各种类型故障发生时的暂态情况下的功率输出变化特性。

2. 测试结果

通过试验结果表明（见表 4-2），数字式功率变送装置暂态输出的功率变化趋势基本与实际功率变化相同，能够较为真实地反映实际功率变化。

表 4-2　　　　　　　　实际功率与功率变送装置输出功率比较　　　　　　　　%

故障类型	实际功率变化		功率变送装置	
	上升	下降	上升	下降
B 相故障回放	135	80	111	85
A 相故障回放	135	80	111	84
C 相故障回放	135	80	111	85
AN	112	75	102	79
BN	107	78	101	79
CN	128	74	108	78
AB	130	47	109	50
BC	110	44	103	50
CA	129	46	109	50
ABN	129	59	108	64
BCN	105	65	100	64
CAN	130	58	108	63
ABC	124	7	107	14

另外，参照 GB/T 50063—2017，对比相关值确定数字式发电机智能装置是否满足规范要求发的满足暂态特性，见表 4-3。

表 4-3　　　　　　　数字式变送装置参数与规范要求值比较

校验参数	规范要求	装置数据
等级指数为 0.2 时，测量精度	±0.2%	<±0.2%
等级指数为 0.2 时，输出精度	±0.2%	<±0.2%
输出电流	4～20mA	4～20mA
暂态性能	具有	具有
响应时间	≤400ms	≤40ms

由表 4-3 可见，目前模拟式功率变送器完全不满足设计规范要求的相关数值，行业内有厂家研发的新型的数字式变送装置完全满足最新规范要求，并且具有良好的暂态特性。

4.3 变送器典型故障案例分析

案例一

1. 故障描述

2013 年 5 月 15 日 16：38：35，某电厂启动备用变压器检修完成恢复送电。在启动备用变压器高压侧断路器 2001 合闸时，1、2 号机组协调控制自动退出。通过调看此期间发电机有功功率、无功功率、220kV 母线电压及启动备用变压器高压侧电流过程趋势图（见图 4-17～图 4-19）可以看出，在启动备用变压器合闸瞬间，1、2 号发电机有功功率、无功功率信号均有波动。1 号机有功功率波动数值 16MW，无功功率波动数值 35Mvar；2 号机有功功率波动数值 44MW，无功功率波动数值 41Mvar。通过检查发电机机端录波器波形图 4-20 可以看出，在此期间发电机机端电流、机端电压均无明显变化。

2. 故障诊断

由图 4-17、图 4-18 过程趋势图及图 4-19 录波图可以看出，发电机功率波动时为尖顶波。波长较短且含有较多成分的直流分量，由于机组协调响应不可能在短时间内完成如此大的功率变化，所以判断认为此功率变化是功率变送器输出受干扰所致。由发电机机端录波器录波图（见 4-20）更能很好的证明，即在启动备用变压器合闸时因发电机机端电流、机端电压均无明显变化，所以功率不可能发生变化。

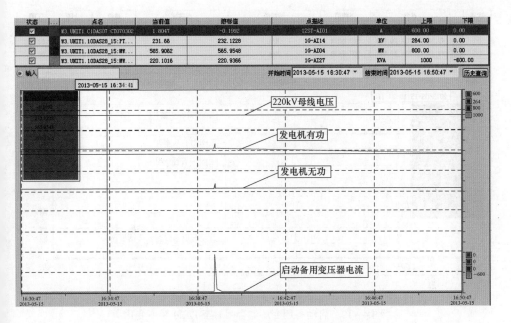

图 4-17　启动备用变压器合闸时 1 号机功率变化

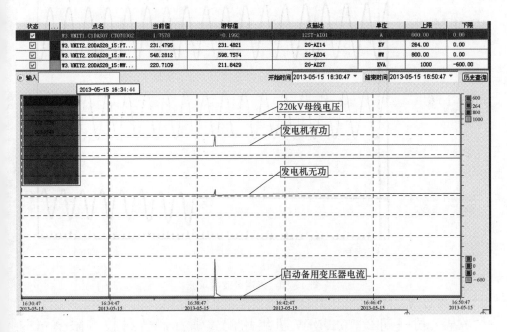

图 4-18　启动备用变压器合闸时 2 号机功率变化

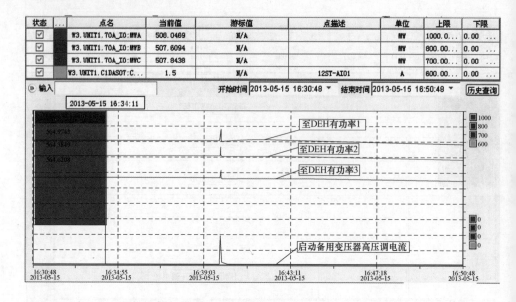

状态	...	点名	当前值	游标值	点描述	单位	上限	下限
☑		W3.UNIT1.7OA_IO:MWA	508.0469	N/A		MW	1000.0...	0.00
☑		W3.UNIT1.7OA_IO:MWB	507.6094	N/A		MW	800.00...	0.00
☑		W3.UNIT1.7OA_IO:MWC	507.8438	N/A		MW	700.00...	0.00
☑		W3.UNIT1.C1DASO7:C...	1.5	N/A	12ST-AI01	A	800.00...	0.00

图 4-19　启动备用变压器合闸时至 DEH 功率变化

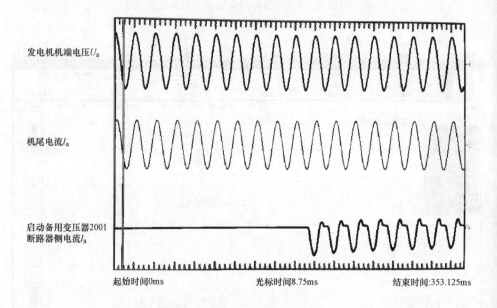

图 4-20　机端录波器录波

　　某公司一期 $2 \times 630\text{MW}$ 机组均配置浙江涵普科技有限公司的 FPW-201 型的有功功率变送器，准确等级为 0.2 级。本次变送器输出波动应为启动备用变压器冲击合闸时的意外瞬时干扰产生高次谐波导致其送至 DCS、DEH 的模拟量输出发生畸变，当协调控制设定值与实际功率偏差达到设定值（50MW）时，机组协调自动退出。

经核对历史趋势发现：

2012 年 4 月 28 日启动备用变压器合闸时，有功功率波动为 24MW；

2013 年 2 月 26 日 2 号机并网时，1 号机有功功率无波动；

2013 年 3 月 1 日 2 号机跳闸时，1 号机有功功率波动为 16MW。

3. 预防措施

（1）仔细检查各变送器模拟量输出电缆屏蔽线是否可靠接地，尤其是送至 DCS、DEH 机柜的功率变送器电缆应独立，减少干扰。

（2）送至 DCS、DEH 机柜的有功功率变送器误差方向应一致，且在合格范围内，防止因功率两两偏差大而影响机组正常调节或由此而导致的跳机事故。

（3）建议对机组协调控制的功率信号采取适当的延时，以避免功率信号受干扰波动而致机组协调或 AGC 自动功能退出。

（4）建议热工专业对各有功功率点（共 7 个）进行认真核对排查，防止再次发生波动时出现不可控的意外事件。

（5）选择具有自动滤波功能的变送器，这样在发生电气故障或电气操作时可以自动滤除谐波分量，避免输出畸变。

（6）在 TV 二次电压、TA 二次电流送入功率变送器前进行滤除谐波分量，再送入各变送器。在发生电气故障或电气操作时同样可以避免变送器输出畸变。

（7）在热工逻辑中增加"TV 断线闭锁"条件，即在发电机功率发生突变时，如无"TV 断线闭锁"发生，则自动协调控制功能不必退出。仅在 TV 发生断线（如熔丝熔断或二次开关跳闸）且功率突变时，自动退出协调控制功能。

案例二

1. 故障描述

2009 年 8 月 15 日 16 时左右，某 1000MW 机组发电厂的 1、2 号和 3 号机组正在运行，机组负荷分别为 680、640 和 630MW，这时突然出现雷暴天气。16 时 21 分，各机组 DCS 系统出现报警，500kV 线路第一套和第二套分相电流差动保护及后备距离 I 段保护动作，B 相接地故障报警并跳闸，之后重合闸成功，B 相瞬时接地电流最大值达20510A，持续时间约 50ms。在故障起始至断路器重合闸期间，1 号和2 号机组的有功功率剧烈震荡，1 号机组负荷由 685MW 瞬间降至−30MW，然后回升至 618MW。

2. 故障诊断

事件发生后，电厂马上对当日机组功率振荡及 1 号和 2 号机组相关数据和波形曲线进行收集与分析。从电气继电保护动作情况和相关波形记录分析来看，电气保护动作行为及故障录波的电气量均正常。分析故障后的机组振荡原因，可能是送至热工 DEH 历史记录中的功率数据变化幅度明显比电气侧历史记录中的大，因此认定 DEH 侧控制逻辑接收到的功率信号有异常。

对现场功率变送器备品测试，在输入平衡的三相电压和电流信号时，测试结果符合要求。而用故障时的录波测量数据进行测试时，变送器的两组输出信号在故障初期分别存在突增和突降现象，说明功率变送器在对 B 相接地故障涌流测量时存在问题，这一测量问题是该事件的一个原因。

3. 预防措施

针对 1、2 号机组 DEH 中功率测量环节问题，联系相关 DEH 设备厂家对热工 DEH 逻辑及控制参数进行进一步的梳理和完善。修改功率变送器输出参数，由单向 4～20mA 修改为双向 4～12～20mA。适当降低负荷干扰控制逻辑中的控制定值，防止负荷中断控制回路失效。探讨目前单纯使用模拟量功率信号作为汽门快控逻辑触发信号的合理性，尽量从机网协调的角度考虑该快控逻辑的必要性。

案例三

1. 故障描述

2010 年 5 月 21 日晚 7 时左右，某 600MW 机组燃气发电厂 4 号机组对主变压器全压冲击，导致满负荷运行的 3 号机组功率升至 625MW，并引发 3 号机组功率超限报警后 TPS 保护误动作而跳机。

2. 故障诊断

事后检查当时的 TCS 功率记录曲线，发现在跳机瞬间 3 号机组在 TCS 逻辑控制系统上读到的有功功率测量值达 625MW，已超出量程上限，而该机组跳机前各主要参数均未出现异常。经过各专家会议讨论，认为跳机是因为 4 号机组对主变压器全压冲击时，产生了较大的励磁涌流，对电气二次回路造成了较大干扰，使功率变送器测量产生较大突变。根据数据记录，当时这种瞬间突变使 3 号机组的功率变送器输出达到了 625MW，由于 TCS 逻辑控制系统中没有信号质量的判断逻辑，于是 TCS 系统误判为 3 号机组功率超限并最终造成该机组跳机。

3. 预防措施

功率变送器输出信号增加滤波及延时环节处理，该环节具体参数需要根据现场情况进行计算确定。在 TPS 保护逻辑中对功率信号进行质量判断，若信号异常突变则自动切除该保护，同时应考虑更换暂态特性符合要求的功率变送器。

案例四

1. 故障描述

某核电厂 2015 年 3 月中旬相邻主变压器合闸送电时，正常运行的机组发生功率跳变并产生剧烈振荡,差点导致机组停堆。若停堆事故发生,将会损失上千万。

2. 故障诊断

将合闸前后故障录波仪录下的机端交流电压、电流信号用继保仪回放,并将信号输入到被测模拟式有功功率变送装置及录波装置,对变送器输出信号、三相交流信号以及录波仪计算的实际功率信号进行录波,观察合闸前后暂态情况下的功率输出变化特性,如图 4 - 21 所示。经过分析,可以确定,是因为合闸时产生较大瞬时励磁涌流,该涌流对电气二次回路产生较大干扰,使用常规变送器测量功率时,电厂其他正常运行的机组输出功率曲线过冲、失真,机组调门误动作,影响机组功率闭环控制。

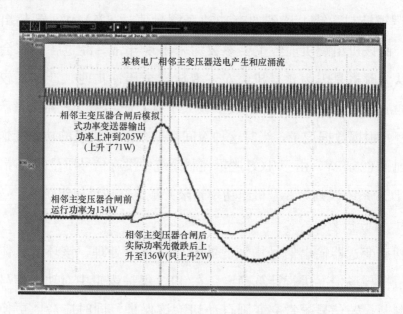

图 4 - 21　合闸前后暂态情况下的功率输出变化特性

3. 预防措施

采用暂态特性符合要求的功率变送器,保证暂态功率测量的正确性。

大型机组并网时会产生较大瞬间励磁涌流，并相邻主变压器产生和应涌流，对电气二次回路产生干扰，使常规功率变送器输出量发生跳变或产生无规则的畸变，需要采用暂态特性符合要求的功率变送器，保证功率变送器输出功率信号的真实性与准确性。

案例五

1. 故障描述

2016 年 11 月 24 日，重庆某电网 500kV 3 号主变压器在 22 时 34 时 40.98 进行合闸充电，距离 6km 的某燃机电厂 1 号和 2 号发电机在其充电合闸操作后相继同时跳闸，跳闸原因为机组燃机保护报 "FLAME LOSS"，即燃机火焰丢失，灭火保护类似于火电机组的 MFT 锅炉灭火保护。

2. 故障诊断

经过分析，可以确定，是因为产生较大瞬时励磁涌流与和应涌流，对电气二次回路产生较大干扰，使附近电厂其他正常运行的机组常规功率变送器因检测到一定的谐波而发生突变，使得干扰进一步放大。

3. 预防措施

采用暂态特性符合要求的功率变送器，保证暂态功率测量的正确性。

采用暂态特性符合要求的功率变送器，保证功率变送器输出功率信号的真实性与准确性，防止因功率信号失真引起机组控制、保护误动作。

案例六

1. 故障描述

2004 年 2 月 19 日 16 时 27 分 53 秒，某电厂 1 号机组自动发电控制（AGC）工况平稳运行，机组负荷 317MW，机前压力 23.4MPa，给水指令 938.1t/h 并保持稳定，给水泵汽轮机转速 4300r/min，给水泵汽轮机同步器 SK058 开度 68％。第 54s 给水指令大幅波动，第 55s "锅炉限制负荷"信号发出，同时给水指令突然降至 755.6t/h 并保持不变，DEH 将协调工况自动切至保压 1（机跟炉）工况，SK058 持续减给水使负荷下降至 265MW，运行人员手动解列给水自动及手动增加给水量，机组运行稳定后重新投入自动、投入协调与 AGC，一切正常。

2004 年 7 月 8 日和 8 月 16 日，机组在协调工况时又发生类似机组快速甩负荷现象，每次发生时运行人员均手动解列给水自动及手动增加给水量，重新投入自动与协调，一切正常。

2. 故障诊断

甩负荷事件发生后，及时在 DCS 历史站和工程师站检查实时参数记录曲线，并根据数据打印记录和运行人员的事故处理经过进行检查分析，发现某些数据发生异常变化。2004 年 2 月 19 日 16 时 27 分 52 秒，机炉协调控制（CCS）器中的实发功率为 318.27MW，16 时 27 分 53 秒突变为 253.47MW，并持续 2s，引起给水定值由 938.1t/h 升至 1013.8t/h，16 点 27 分 55 秒，实发功率突变为 318.27MW，引起给水定值由 1013.8t/h 降至 755.6t/h，引起机组快速大幅甩负荷。以后几次事件发生时，都发现了机组实际功率信号首先发生突变的现象，由此推断：机组实发功率不正常的突变导致了控制指令变化，引发甩负荷事件的发生。

机组实发功率信号是由 3 个完全独立的功率变送器采集送入 DEH 系统的自动（AUT）控制器在逻辑中经过三取二处理，通过 AO 板件送至 DCS 的 CCS 控制器，进入协调逻辑中。

事件发生后，利用 1 号机组调停机会更换了 AUT 控制器的相应 AO 板件和 CCS 控制器相应 AI 板件，检查了与实发功率信号有关的端子排、接线、内部连接电缆、接插件，并重新更换了 AUT 控制器与 CCS 控制器之间的功率信号电缆。不久，又发生了第 2 次甩负荷事件，因此重新布放了功率变送器至 AUT 控制器的信号电缆，并加强 DCS 机房管理，禁止在机房使用手机与对讲机，但仍发生甩负荷事件。通过收集功率信号信息，发现所有进入 DCS 功率信号每天都要发生 3～5 次跳动，持续时间极短，跳动幅度大小不一，在跳动时发电机三相电压也跳动。例如 2005 年 1 月 4 日 12 时 01 分，机组负荷 250MW，3 个功率信号依次突降 8、8、9MW，AB 相间电压突降 15V，BC 相间电压突降 30V，AC 相间电压突降 100V，且发现在功率突变的前 1s，发电机电压首先发生突降，即电压的突变引起功率突变，与此同时，继电保护专业通过调阅 1 号机组故障录波器录波波形，发现该时刻系统发生了暂态电压扰动（电压骤降）。

由于电网暂态电压扰动使电压互感器二次输出电压发生波动，功率变送器的输出相应发生波动，该功率信号送入 DEH 和 DCS 中参与机组控制，当功率突变超过逻辑设定上限时，锅炉立即发出限负荷，同时功率信号快速波动会使给水定值发生剧烈变化（由于 PID 的作用），变化时给水定值与实际给水量偏差大到一定程度将机组由协调工况切至机跟炉工况，切换瞬间给水的定值将被保存作为机跟炉的给水定值（由于给水定值上限在逻辑中被限死，下限没限，所以每次切换时给水定值较小），机组随即开始快速减负荷。

电力系统暂态电压扰动（瞬时电压上升或下降）特征指标是幅值、持续时间、瞬时值/时间。产生的主要原因通常是电网或用电设备发生雷击、外力短路故障，同时一些用电设备（如大容量电动机）启动、突然加负荷、电力系统中储能设备（电容器、电抗器）及电源断路器的正常操作也会造成电网电压瞬时下降。

这种暂态的电压扰动对普通的用电负荷产生的影响并不大，但对敏感性负荷以及要求严格的用电负荷影响非常严重。因此，针对该干扰在供电侧和用户侧从电能质量的角度对问题进行了分析，并采取多种治理措施，但对发电厂而言，该扰动的电压不是作为供电电源，而是直接参与了实时控制的协调控制系统，并干扰了该系统的正常运行。

3. 预防措施

由于事件发生的直接原因是电网的电压污染，而且通过每天记录都能发现几次功率突变，因此利用停机机会在功率信号进入 CCS 控制器处加一个宏命令进行滤波，并进行程序编译下装，滤波时间设定为 8s。通过观察，可有效地将功率信号的突变滤掉，虽对调节的速度有所影响，但影响较小。

从 2004 年 8 月底至今，再没发生过此类甩负荷的异常，消除了这一威胁机组安全运行的隐患，因此，对于各电厂中参与控制的机组实时功率测量信号，要在控制系统入口进行滤波，并通过试验选择适当的滤波参数，做到机组既能安全稳定运行，又不影响功率调节品质。

4.4 变送器校验

4.4.1 电测量功率变送器响应时间的校验

电测量变送器是一种将被测电量参数（如电流、电压、功率、频率、功率因数等信号）转换成直流电流、直流电压并隔离输出模拟信号或数字信号的装置。目前在发电部门和供电部门使用非常广泛，从主系统到辅助系统电测量变送器的身影无处不在。

在燃机联合循环机组中一般有两种控制系统分别为 DCS 集散控制系统和 TCS 燃气轮机、蒸汽轮机控制系统。当然，也有要求 TCS 系统涵盖全厂设备的控制。但是由于 TCS 价格要高于 DCS（国产化率高），所以常规的做法是分为两套系统，并且在 DCS 中实现 TCS 数据监控，甚至是一键启动。TCS 一般由燃气轮机供应商随主机一同提供主要用于燃机主机的控制，现有燃机主要供应商有三家（三菱、西门子、GE），三菱和西门子是用 TCS 系统，GE 是用 MK 系统。在这些 TCS、MK 和 DCS 系统中都有几台同一参数的有功功率变送器参与到主机的协调控制。以下以某公司 F 级一期燃机 MK 系统为例简述变送器响应时间的问题。

F 级一期是采用 GE 公司的 390MW 级的燃气轮机，共两台，其核心是 GE 公司 MKⅥ控制系统，该系统设计中共有三台变送器进行有功功率和无功功率的采样并参与机组功率调节，如图 4 - 22 所示。图 4 - 22 中 MKⅥ控制系统 96GG - 1 有无功组合功率变送器采样输出的有功功率信号和无功功率信号分别与 96GW - 1 有功功率变送器采样输出的有功功率信号和 96GG - 2 无功功率变送器采样输出的无功功率信号相比较后取高值进行逻辑控制，如图 4 - 23 所示。并且两组有功功率信号偏差大，报警值不得超过最大值的 10%，与 3MW 两值取大，两组无功功率信号偏差报警值为 10Mvar。

图 4 - 22　功率变送器实物图

1—96GG - 1（有无功功率变送器）；2—96GW - 1（有功功率变送器）；

3—96GG - 2（无功功率变送器）

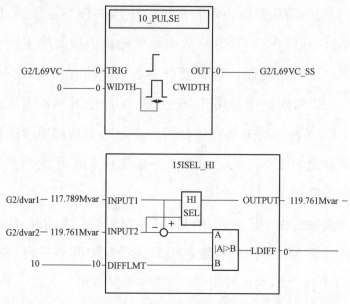

图 4-23 逻辑控制图

接到运行值班人员通知：2号燃机无功功率电脑显示画面出现报警信号，具体查看发现是两个无功功率信号误差大产生报警。由于2号燃机年前刚完成检修没多长时间，当时检修人员并没有反应某个功率变送器有异常，所以第一反应是检查无功功率变送器校验数据是否确有异常，检查结果：96GG-1（有无功功率变送器）无功误差不超过-0.19%，96GG-2（无功功率变送器）误差不超过-0.13%，两功率变送器误差均在合格范围内（变送器为等级±0.2%）。由于数据合格，因此怀疑变送器在最近一段时间因干扰产生输出不稳定，引起数据突变或变送器出来故障。但经现场校验并连续检测一段时间后误差与记录基本相符，不存在数据突变或故障引起报警现象。而与控制卡件进行联机测试也未发现接收无功功率的控制卡件出现故障。经联系热工控制人员，进入GE核心调取逻辑程序，检查报警时段出现的无功功率信号曲线。

从图4-24和图4-25中可以明显看出在无功功率下降和上升过程中红色线条（96GG-1有无功功率变送器无功功率输出信号）明显响应快，而蓝色线条（96GG-2无功功率变送器输出信号）的响应则滞

后了一段时间。通过现象再次仔细校验 96GG - 2 无功功率变送器结果，
发现 96GG - 2 无功功率变送器的响应时间为 416ms，超过了规程规定
的 400ms。由于是首次遇见这种情况，所以必须验证响应时间超标是
产生报警的直接原因，因此更换一只响应时间合格的变送器进行比对，
测试后结果如图 4 - 26 和图 4 - 27 所示。

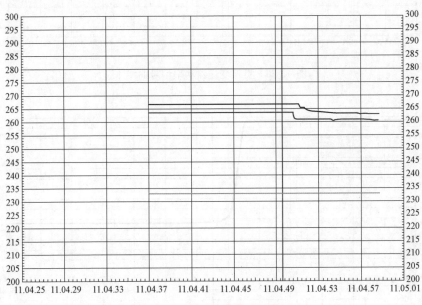

图 4 - 24　报警时功率信号曲线 1

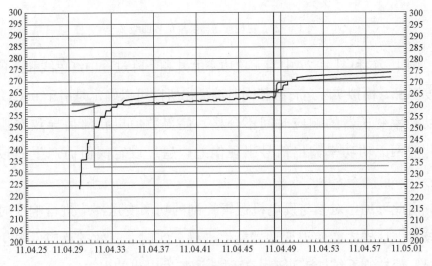

图 4 - 25　报警时功率信号曲线 2

165

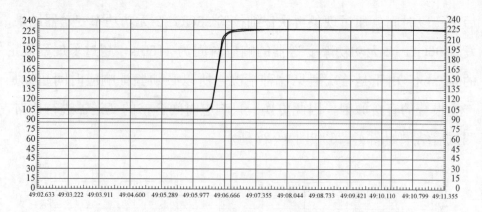

图 4 - 26　更换变送器功率信号曲线 1

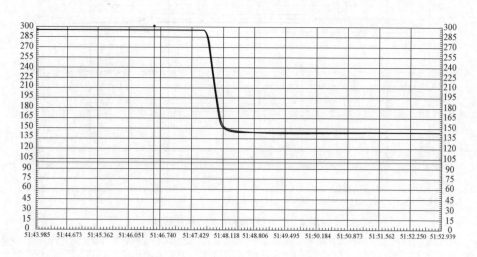

图 4 - 27　更换变送器功率信号曲线 2

图 4 - 26 和图 4 - 27 中当无功功率上升和下降过程中红色线和蓝色线高度匹配，模拟实际运行报警同时消失。所以可以确定是由于 96GG - 2 无功功率变送器的响应时间不合格，使得数值更新滞后导致在功率变化时两无功功率输出信号出现偏差，超过设定阈值而产生的报警信号。

由此可见，对参与发电机逻辑控制的功率变送器应进行响应时间的校验。这样才能使得变送器能够准确、实时、有效的反应发电机的工况，使控制系统能够正确、及时地调整发电机的出力。

4.4.2 电量变送器现场检定

电量变送器是一种将被测电量（电流、电压、有功功率、无功功率、频率、相位和功率因数等信号）转换为与之成线形比例的直流电压或电流信号，并隔离输出模拟信号或数字信号的装置。与之对应，可分为电流变送器、电压变送器、有功功率变送器、无功功率变送器、频率变送器、相位变送器、功率因数变送器等。

一、电量变送器的现场检定条件

1. 检定工作环境

环境温度范围：10～30℃。

相对湿度范围：≤80%。

辅助电源：DC 12V/24V，AC/DC 85～265V。

2. 工作前准备

（1）查阅被检变送器的以往历次检定记录，分析设备状况，以确定此次检定工作的主要内容和工作重点。

（2）准备好标准装置、仪器仪表及工器具，所用标准、仪表及工器具必须经具有计量资质的检定单位检定合格，且在合格的有效期内并状态良好。现场检定前，准备好图纸、上次检定记录、本次需要改进的项目等相关技术资料，根据现场工作时间和工作内容办理好工作票。

（3）现场检定前，了解设备运行情况和明显标志，熟悉变送器相关二次回路接线，认真核对设备名称、编号和有效期，核对被检变送器技术参数和互感器变比，看是否与上次检定记录一致。

3. 安全要求

（1）计量人员应严格执行 GB 26860—2011《电力安全工作规程发电厂和变电站电气部分》，认真落实作业指导书，填写好危险点预控卡；现场检定时应认真谨慎，随时防止异常情况的发生。一旦出现任何异常，须立即停止检定，切断检定设备电源，查明原因并处理妥当后方可重新检定。

（2）严格按照 JJG（电力）01—1994 的技术要求使用标准装置，对现场运行的变送器检定时还要进行工作状态下的在线和离线比较。

（3）为确保标准装置的测量精度，装置使用前必须通电预热 30min，检查装置工作状况良好后方可继续。标准仪器使用时必须有良好的接地。

（4）标准装置和试验端子之间的连接导线应有良好的绝缘，中间不允许有接头，并应有明显的极性和相别标志。连接导线的颜色一般规定：A 相黄色、B 相绿色、C 相红色、N 相黑色。

4. 标准装置的选定

标准装置允许测量误差不以装置测量范围上限的百分数表示，而以被检变送器测量范围上限的百分数表示，这就要求装置的量限与被检变送器一致或接近，若相差太大，则装置满足不了要求，JJG（电力）01—1994 规定标准装置的量程应大于等于被检变送器的量程，但不超过被检变送器的 150％。以 DK‐34F11 型多功能三相电测量仪表检验装置为例，它可自动或手动检定各种电量变送器，且具备准确度等级至少要比被检变送器等级高两个级别，完全满足交/直流电压、交/直流电流、有/无功功率、频率、相位、功率因数等变送器的检验精度。

5. 检定周期

变送器的周期检定应尽可能与该变送器所连接的一次设备的检修配合进行。

电力系统主要测点所使用的变送器及其他有重要用途的变送器一般每年一次，其他用途的变送器一般每三年一次。

二、电量变送器的检定方法

通常分为比较测量法和微差测量法两种，一般采用比较测量法进行测量。

比较测量法（简称比较法）是采用与被检变送器量程相同或相近的装置作为标准，将两者的测量结果进行比较的一种试验方法。

用比较法检定变送器时，输出回路按图 4-28 接线。

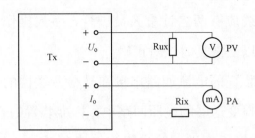

图 4-28　用比较法检定变送器时输出回路接线图

Tx—被检变送器；U_o—电压输出端；I_o—电流输出端；

PV—测量输出电压用直流数字电压表；PA—测量输出电流用直流数字毫安表；

Rux—被检变送器的输出电压负载；Rix—被检变送器输出电流负载

三、电量变送器的周期检定项目

（1）外观检查。变送器的外壳上应有下述标志和符号：制造厂名或商标、制造厂的产品型号和名称、序号和日期、等级值、被测量种类和线路数、被测量的较低和较高标称值、输出电流（电压）和输出负载的范围、试验电压、辅助电源值；接线端钮上应有清楚的用途标记；外壳应无裂缝和明显的损伤；接线螺钉应该齐全；轻摇时，内部应无撞击声；封印完好。

（2）绝缘电阻测定。连接在一起的所有线路（输入线路和辅助线路）与参考接地点之间测量绝缘电阻，应在施加 500V 直流电压后 1min 进行。变送器的绝缘电阻应不低于 5MΩ。

（3）基本误差测定。

（4）输出纹波含量测定。

四、检定电量变送器的操作步骤和试验点的确定

1. 操作步骤

（1）在确保各项安全措施下，使变送器脱离二次回路，在端子排断开对应的三相电压，注意电压二次回路不得短路；用短路片短接三相电流端子，注意电流二次回路不得开路；断开相应的变送器输出回路。拆动回路接线应有两名计量人员进行，一人操作，一人监护，做好记录和标记，以便恢复时核对正确。

（2）将标准装置的电流回路串接在被检变送器的电流回路中，电压回路并接在被检变送器的电压回路中，标准装置的直流电流/电压输入端分别串接/并接于变送器输出直流电流/电压端。试验线引入变送器前应采取稳固措施，做好防止试验线、接线夹突然坠落碰及运行设备的安全措施。

（3）标准装置使用有剩余电流动作保护器的电源，接拆电源前应将电源开关拉开。接好电源后，合上电源开关，将标准装置电源打开，进入变送器检定系统自动检定界面，设置相关参数和规程规定的试验点、变送器类型和量程，预热 30min，变送器施加辅助电源电压，不施加被测量也预热 30min 后，标准装置调入测试点，进行自动检定。

（4）检定工作完毕后，断开检定装置工作电源，拆除电压连接导线、电流连接导线、被检变送器输出信号连接导线，恢复端子排上提供试验用的被打开的短路片及断开的三相电压，由计量人员检查，确认电流回路短接片连接良好，确认现场检定所动线路全部恢复为正常状态。最后清理试验现场，检查现场无遗留的工器具及材料后，安全撤离工作现场。

2. 试验点的确定及接线图

由于电测量变送器不能直接显示测量数据，在检定变送器时，必须人为确定试验点，一般按等分原则选取，取被测量的较高和较低标称值之间，包括两者在内的间距相等的 N 个量值作为输入标准值，在输出量的较高和较低标称值之间取值，包括两者在内的间距相等的 N 个量值作为输出标准值。

输出量的较高标称值一般取变送器的量程，较低标称值一般取变送器输入信号为零的值。变送器输入信号为零，对于电流、电压变送器是指输入电流、电压的幅值为零；对于功率变送器是指输入电压为标称值，输入电流为零；对于频率变送器是指输入电压为标称值，频率为中心频率；对于相位变送器是指输入相位角为 $0°$。

对于电流、电压变送器，试验点应不小于 6，通常取 6，以电压变送器为例，通常选取 0、$20\%U_N$、$40\%U_N$、$60\%U_N$、$80\%U_N$、$100\%U_N$。

对于频率、相位和功率因数变送器，试验点应不小于 9，通常取 9。以频率变送器为例，假设标称频率值为 50Hz，通常选取 50Hz、$50Hz\pm0.5Hz$、$50Hz\pm1Hz$、$50Hz\pm3Hz$、$50Hz\pm5Hz$。

对于有功功率和无功功率变送器，除选取 6 个试验点外，还应增加中心试验点。因为中心试验点通常呈现了最大分元件的试验误差，设置这一试验点，便于进行分元件试验和分元件调整。以有功功率变送器为例，在标称电压、标称电流、$\cos\varphi=0.5$ 的条件下，变送器的输出值即输出范围的中心值，呈现了最大角误差和最大不平衡误差。设置这一试验点，可以在标称电压和电流条件下比较有功变送器 $\cos\varphi=0.5$ 和 $\cos\varphi=1$ 时的误差，便于发现角误差和元件不平衡误差。

因此，对于功率变送器，试验点一般不应少于 11 点，通常取 11。以有功功率变送器为例，在施加标称电压值条件下，通常选取试验点为：$\cos\varphi=1$，电流为 0、$20\%I_N$、$40\%I_N$、$50\%I_N$、$60\%I_N$、$80\%I_N$、$100\%I_N$；$\cos\varphi=0.5$（L），电流为 $40\%I_N$、$100\%I_N$；$\cos\varphi=0.5$（C），电流为 $40\%I_N$、$100\%I_N$。

对于双向功率变送器，除选取上述 11 个正向工作试验点外，还应增加 11 个反向工作试验点，通常取 22 个试验点。同样以有功功率变送器为例，在施加标称电压值条件下，通常选取正向试验点：$\cos\varphi=1$，电流为 0、$20\%I_N$、$40\%I_N$、$50\%I_N$、$60\%I_N$、$80\%I_N$、$100\%I_N$；$\cos\varphi=0.5$（L），电流为 $40\%I_N$、$100\%I_N$；$\cos\varphi=0.5$（C），电流为 $40\%I_N$、$100\%I_N$；反向试验点：$\cos\varphi=-1$，电流为 0、$20\%I_N$、$40\%I_N$、$50\%I_N$、$60\%I_N$、$80\%I_N$、$100\%I_N$；$\cos\varphi=-0.5$（L），电流为 $40\%I_N$、$100\%I_N$；$\cos\varphi=-0.5$（C），电流为 $40\%I_N$、$100\%I_N$。

用比较法检定变送器的接线图，以交流电压变送器和三相三线有功功率变送器为例。

对交流电压变送器，可按图 4 - 29 接线。

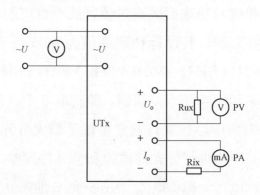

图 4 - 29　交流电压变送器接线图

UTx—被检交流电压变送器；U_o—电压输出端；I_o—电流输出端；

PV—测量输出电压用直流数字电压表；PA—测量输出电流用直流数字毫安表；

Rux—被检变送器的输出电压负载；Rix—被检变送器输出电流负载

对三相三线有功功率变送器，可按图 4 - 30 接线。

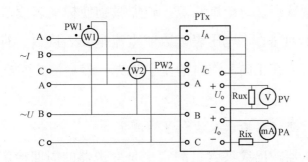

图 4 - 30　三相三线有功功率变送器接线图

PW1、PW2—标准功率表；PTx—被检变送器

五、电量变送器基本误差的测定

基本误差的测定应在调整前和调整后分别进行，检定证书上的数据应以调整后试验的结果为准。本人用 DK - 34F11 型多功能三相电测量仪表检验装置进行检定，以输入变送器一次被测量（如频率、电压、电流、功率、相位等）为定值，测量变送器二次输出端直流值来计算基本误差。选择检定中最大误差点为基本误差。

基本误差计算式为

$$\gamma = \frac{B_x - B_r}{A_f} \times 100\%$$

式中　B_x——被检变送器输出实际值；

　　　B_r——被检定变送器输出标准值；

　　　A_f——被检变送器输出基准值。

对于单向输出的变送器，基准值 A_f 就是输出量程；对具有双向和对称输出的变送器，基准值 A_f 是输出量程的一半。举例说明，对带偏置零位的变送器输出 4～20mA，基准值为 16mA；对双向输出变送器输出 -1、0、1V，基准值为 1V；对称输出变送器输出 4、12、20mA，基准值为 8mA。

变送器检定时一般从最大负载点向轻负载点顺序检定，每个检定点最少检定两次。在每个试验点，施加激励使标准表读数等于其标准值，记录输出回路直流电压表读数或直流毫安表读数。对于双向变送器，首先测定它在正向工作时的基本误差，然后测定它在反向工作时的基本误差。

六、电量变送器输出纹波含量的测定

电量变送器输出纹波含量测定也是变送器的周期检定项目，因为变送器输出的直流模拟量必须经 AD 转换器转换为数字信号后方可使用，而 AD 转换器采样时间短，抗干扰能力差，易产生附加误差，所以输出纹波含量的大小对测量的准确度影响较大。测量变送器输出纹波含量时，应将各影响量保持在变送器规定的允许偏差范围内，然后给被检变送器施加激励，使其输出量等于其较高标称值，用性能稳定的多功能表 HP34401A 型交流挡直接测量输出电压和输出电流，直读输出纹波含量（峰 - 峰值）。输出纹波含量（峰 - 峰值）应不超过变送器正向输出范围的 $2C\%$，C 为变送器的等级指数。输出纹波含量一般不应超过变送器量程的 1%。

七、电量变送器的数据修约

在检定变送器时，测得的数据和经过计算后得到的数据，在填入检定证书时都应进行修约；拟修约的数字应一次修约获得结果，不得多次连续修约；判断变送器是否合格应根据修约后的数据。

修约间隔是确定修约保留位数的一种方法，修约间隔一经确定，修约值即为该数值的整数倍。对变送器的输出值和绝对误差进行修约时，有效数字位数由修约间隔确定。修约间隔应等于或接近于 $CA_F \times 10^{-3}$ 计算出的数据，其中 C 为变送器的等级指数；A_F 为变送器的基准值，修约间隔一般等于或接近于绝对误差限的 $1/10$。

举例说明，若检定一台输出范围是 $4 \sim 20\text{mA}$ 的 0.5 级变送器，当对其输出电流的测得值进行修约时，选取修约间隔方法如下：

因该变送器的基准值 $A_F = 20 - 4 = 16(\mathrm{mA})$，准确度等级 $C = 0.5$，则 $CA_F \times 10^{-3} = 0.5 \times 16 \times 10^{-3} = 0.008(\mathrm{mA})$，通常取修约间隔为 $0.01\mathrm{mA}$。

对变送器的基本误差进行修约时，修约间隔按等于或接近于基本误差限的 $1/10$ 选取，一般可按表 4 - 4 选取。

表 4 - 4　　　　　　　　各准确度等级下的修约间隔

变送器的等级指数	0.1	0.2	0.5	1	1.5
修约间隔（mA）	0.01	0.02	0.05	0.1	0.2

数据修约后，其末位数只能是 1、2 或 5 单位的整数倍。

数据修约方法有以下几种：

（1）按保留位的 1 单位修约。保留位右边的数字对保留位的数字 1 来说，若大于 0.5，保留位加 1；若小于 0.5，保留位不变；若等于 0.5，保留位是 0 和偶数时不变，是奇数时加 1。例如修约 99.949、99.951、99.95、99.85 修约到 1 位小数，分别为 99.9、100.0、100.0、99.8。

（2）按保留位的 2 单位修约。保留位是 0 和偶数时不变。保留位是奇数时，若保留位右边的数不为零，保留位加 1；若保留位右边的数为零，在保留位分别加 1 和减 1 后得到的两个数取能被 4 整除者。判别能否被 4 整除，只须判别修约后最右边的两位数能否被 4 整除即可。例如修约 4.9991、4.9989、4.9970、4.9990 修约到 3 位小数，分别为 5.000、4.998、4.996、5.000。

（3）按保留位的 5 单位修约。保留位与其右边的数之和，与保留位的数字 1 之比，若小于等于 2.5，保留位变零；若大于 2.5 而小于 7.5，保留位变成 5；若大于等于 7.5，保留位变零而保留位左边那位加 1。例如修约 0.99921、0.99925、0.99926、0.99974、0.99975、

0.99981 修到 4 位小数，分别为 0.9990、0.9990、0.9995、0.9995、1.0000、1.0000。

八、检定结果的处理

各检定点检定完毕后，按基本误差公式计算，其中最大值为该变送器的基本误差。

经检定合格的变送器应出具检定证书。对于 0.5 级及以上的变送器，检定证书上应给出检定数据，至少应有输出值和基本误差值；对于 1 级及以下的变送器，只须说明变送器是否合格，而不必给出任何数据。

经检定合格的变送器外壳应贴上检定合格证，并在零位和满度调整处封印；经检定不合格的变送器只须发检定结果通知书。检定证书和检定结果通知书应保存五年以上，原始记录应保存 3 年以上。

九、电量变送器现场运行常见故障与排查方法

（1）变送器现场运行中无信号输出。不断电检查，检查变送器有无正常的辅助电源和输入信号，若正常，检查变送器接线与接线图是否相符，接线端子与连接导线电气接触是否良好，端子紧固螺钉是否旋紧，检查辅助电源、输入电量值是否与产品标签上的标称值一致，直流输入的极性是否接反。若一切正常，则可判断为变送器故障，断电更换合格的变送器即可。

（2）变送器现场运行中虽有输出信号，但偏差超过规定的精度等级，甚至异常。不断电检查，用准确度等级较高的数字万用表测量辅助电源、输入电量和输出信号是否与产品标签上标定的量程相符，检查输入信号相线、相序是否正确。若一切正常，则可判断为变送器故障，断电更换合格的变送器即可。

（3）变送器现场运行中输出信号跳动或快速上下漂移。不断电检查，确认接线是否正确，辅助电源电压是否跳动，辅助电源接地是否

良好，纹波是否正常，输入信号是否跳动，幅值是否在产品规定量限内。若一切正常，则可判断为变送器故障，断电更换合格的变送器即可。

（4）变送器现场运行一段时间后没信号输出。不断电检查，用螺丝刀柄轻敲变送器外壳，检查端子紧固螺钉和连接线是否有松动和接触不良，检查辅助电源电压和输入电量是否正常。若一切正常，则可判断为变送器故障，断电更换合格的变送器即可。

4.4.3 参与机组协调控制有功功率变送器的优化

单元机组协调控制系统是协调机组各个生产环节的能量及质量的全面控制，主要起到稳定机组运行，提升机组经济性及安全性的作用。单元机组的实发功率与电网负荷要求是否一致反映了机组与外部电网之间能量供求的平衡关系，是机组协调控制系统中的一个重要组成部分。现代大型发电机组一般都采用有功功率变送器来测量机组的实发功率，这无疑就给参与机组协调控制的有功功率变送器本身的质量、回路的可靠性及 DCS 逻辑的组成提出了更高的要求。为了保证机组实发功率信号的稳定性和可靠性，一般都采用三个有功功率变送器来测量机组的实发功率，取三个变送器输出的中值作为最终测量值来参与机组的协调控制，但是仅此这样是不够的，近年来就发生了好几起由于功率变送器本身的特性不好或者回路出现故障、DCS 逻辑组成不合理而发生的异常事件，所以在参与协调控制的有功功率变送器本身、回路及 DCS 逻辑组成上做一些优化是非常必要的。

1. 有功功率变送器性能优化

（1）选用性能较好的有功功率变送器。选用的变送器应满足变送器检定规程中外观、绝缘电阻测试、基本误差测试的相关要求，新安装的和修理后的变送器还应对自热影响、纹波含量、响应时间等性能进行测试，测试合格后方可在现场使用。对给工业园区供电的一些自备电厂，应选用暂态特性较好的变送器，由于工业园区的设备启停比较频繁，且与区域的大电网联系薄弱，设备启停期间可能会导致功率变送器的测量环节处于暂态过程，最终引起机组的负荷频繁波动，若不及时处理，汽轮机与发电机轴系产生的电磁应力可能会导致机组大轴损坏。

（2）选用可靠性较高的有功功率变送器。现在已有厂家研发出了双电源和双输出的变送器，这样当变送器的一路电源发生故障时，也不影响变送器的正常运行；变送器的一路输出损坏，可更换到另外一路输出，采用双电源和双输出的有功功率变送器大大提高了设备的可靠性。

2. 有功功率变送器回路优化

（1）电压回路优化。为避免由于 TV 二次接线松动或小空气开关掉闸等原因引起的失压造成 DEH 发电机有功功率三取二信号（三个有功功率变送器中有两个同时变化）动作，对参与 DEH 协调控制的三个发电机有功功率变送器的电压回路应取自电压互感器二次不同绕组的电压，且为了方便日常的消缺工作，电压变送器、频率变送器、有功功率变送器等的电压回路应在端子排上并接，以保证各个变送器的电压回路相对独立，消缺时不影响其他变送器的正常工作。

（2）电流回路优化。电流互感器二次严禁开路，对于大型机组来说，发电机出口的电流互感器变比都很大，倘若存在 TA 二次开路的现象，必须要降负荷或者停机处理，所以电流变送器、功率因数变送器、有功功率变送器等的电流回路取自一组 TA 即可，但是为了方便日常的消缺工作，电流回路经过一个变送器之后都必须回端子排，然后再从端子排引出接至另外一块变送器，以保证各个变送器的电流回路独立，当一块变送器出现故障时，从端子排上封住此变送器的电流回路即可，不影响其他变送器的正常运行，既安全也方便。

（3）电源回路优化。参与协调控制的三块有功功率变送器除采用双电源的变送器提高可靠性之外，每块变送器的电源也都应从端子排独立引出，这样也有利于日常消缺工作的顺利、安全开展。

3. 有功功率变送器逻辑优化

（1）MEDIANSEL 算法。如图 4 - 31 所示，DEH1 - MWA1、DEH1 - MWB1、DEH1 - MWC1 分别为参与机组协调控制的三个有功功率变送器的模拟量输出，MEDIANSEL 算法（又称中值选择器、质量和偏差检查器）监视变送器模拟量输入的质量和相互之间的偏差。只要无质量或偏差报警，算法的输出（OUT）就是三路模拟量输入的中值，否则，算法将确定最好或最可能正确的输入或输入的平均值作为输出值。

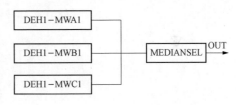

图 4 - 31　有功功率变送器逻辑框图

质量报警的输入质量类型在控制器初始化，一般当变送器模拟量输出为坏点时（BAD），设置变送器处于质量报警状态。三个变送器中任一变送器输入与另两个变送器输入值偏差大于控制器中用户设置的偏差值时，MEDIANSEL 算法会自动剔除偏差大的这块变送器，取另外两个变送器的平均值作为输出值（OUT）。若三个变送器都处于质量报警状态，输出值将保持为最后一个"GOOD"值；若两个变送器处于质量报警状态，输出值为未报警变送器的值；若一个变送器处于质量报警状态，而且未报警的两个变送器没有控制偏差报警，则输出值为未报警两个变送器的平均值。

（2）逻辑优化。MEDIANSEL 算法主要是考虑变送器的输出为坏点和变送器输出模拟量之间有偏差的情况，未考虑发电机出口 TV 一次熔断器熔断、TV 二次断线的情况，发生此种情况，参与 DEH 调节的三个有功功率变送器的输出突降，若此时机组的 AGC 投入运行，将会造成汽轮机调门全开的后果，若处理不及时，将会使主设备严重损坏。针对此种工况，应增加以下逻辑：当机组实发的有功功率与负荷指令（AGC 指令）相差大于设定值时或者当机组实发的有功功率下降的速率大于设定值时，应解除机组协调，改为手动控制。

参与机组协调控制的有功功率变送器在本身性能、二次回路以及逻辑组成上进行优化之后，提高了机组协调控制系统的可靠性和稳定了，也保证了机组的安全稳定运行。

第5章 综合故障案例分析

5.1 厂用电综合保护测控装置的测量与计量案例分析

某电厂在 2003~2004 年陆续投产了两台 330MW 机组，6kV 厂用系统测量计量全部安装的是南京东大金智 WDZ－400 系列微机厂用电综合保护测控装置。从测量的角度来讲：电压、电流、有功功率、无功功率、频率、相位都满足测量精度要求。从计量的角度上来讲，还没有做出法定的认证，不能用标准电能表校验其等级。在平时的工作中，也只能依据厂家给定的方法进行试验调整。下面就综合保护测控装置进行具体分析。

校验综合保护测控装置测量时，按要求将标准三相电流、电压输入综合保护测控装置，如标准表与综保数据相差太大，可按以下步骤进行调整：

把装置面板开关打至"调试"，在"测量显示"→"测量量显示"里可以查看有功功率 P、无功功率 Q、功率因数 $\cos\varphi$、频率 f、电压 V、电流 I。在"定值设置"→"测量精度系数"里可以通过修改精度系数 $1.021\uparrow\downarrow$，分别调整数值大小，修改密码：1234 改为 1233。

校验综合保护测控装置测电能计量时，WDZ-400 系列微机厂用电综合保护测控装置软件版本说明如下：

（1）R400-PM-51-v200。该软件适用于输入的电流满度值为

5A，相电压为 57.74V，电能为两位小数。

（2）400 - PM - 11 - v200。该软件适用于输入的电流满度值为 1A，相电压为 57.74V，电能为两位小数。

（3）R400 - PM - 54 - v200。该软件适用于输入的电流满度值为 5A，相电压为 220V，电能为两位小数。

显示值说明：

在 WDZ - 400 型装置的主菜单→测量显示→电能板电能菜单下，相关项目如下：

PEM——每分钟有功电能的累计值，W·s；

PES——每秒钟的有功功率值，W；

PE——有功电能的总累计值，kWh；

QEM——每分钟无功电能的累计值，var·s；

QES——每秒钟的无功功率值，var；

QE——无功电能的总累计值，kvar·h。

其中 PEM、QEM 需在装置上电 2min 后的刷新值，才是有效值。

1. 电能板调试

进入电能板调试画面的路径：主菜单→调试操作→电能板调试→电能增益调整→电能偏差调整。

（1）电能增益调整。

1）若软件为 R400 - PM - 51 - v200。施加电流电压 $U_a = U_b = U_c =$ 57.7V，$\varphi_{ua} = 0°$、$\varphi_{ub} = 240°$、$\varphi_{uc} = 120°$，$I_a = I_c = 5A$，$\varphi_{ia} = 30°$、$\varphi_{ic} = 90°$，按确认键后进入主菜单→通信监测→电能板监测→MSG＿RX，若该值有变化说明电能增益校准完毕。

2）若软件为 R400 - PM - 11 - v200。施加电流电压 $U_a = U_b = U_c =$ 57.7V，$\varphi_{ua} = 0°$、$\varphi_{ub} = 240°$、$\varphi_{uc} = 120°$，$I_a = I_c = 1A$，$\varphi_{ia} = 30°$、$\varphi_{ic} = 90°$，按确认键后进入主菜单→通信监测→电能板监测→MSG＿RX，

若该值有变化说明电能增益校准完毕。

3）若软件为 R400 - PM - 54 - v200。施加电流电压 $U_a＝U_b＝U_c＝$ 220V，$\varphi_{ua}＝0°$、$\varphi_{ub}＝240°$、$\varphi_{uc}＝120°$，$I_a＝I_c＝5A$，$\varphi_{ia}＝0°$、$\varphi_{ic}＝$ 120°，按确认键后进入主菜单→通信监测→电能板监测→MSG＿RX，若该值有变化说明电能增益校准完毕。

（2）电能偏置调整。施加电流电压幅值同上角度为 $\varphi_{ua}＝0°$、$\varphi_{ub}＝$ 240°、$\varphi_{uc}＝120°$，$\varphi_{ia}＝0°$、$\varphi_{ic}＝120°$ 按确认键电能偏置校准完毕。

2. 电能表校验

电能表校验可以按下列表 5 - 1～表 5 - 3 进行检验。

（1）若软件为 R400 - PM - 51 - v200，按表 5 - 1 校验。

表 5 - 1   软件为 R400 - PM - 51 - v200

施加量	合格范围
线电压 100V（$U_a＝U_b＝U_c＝57.74V$），$I_a＝I_c＝5A$，功角 $\varphi＝30°$	PES：746～754W
线电压 100V（$U_a＝U_b＝U_c＝57.74V$），$I_a＝I_c＝2A$，功角 $\varphi＝20°$	PES：324～327W
线电压 80V（$U_a＝U_b＝U_c＝46.19V$），$I_a＝I_c＝3A$，功角 $\varphi＝45°$	PES：292～295W

（2）若软件为 R400 - PM - 11 - v200，按表 5 - 2 校验。

表 5 - 2   软件为 R400 - PM - 11 - v200

施加量	合格范围
线电压 100V（$U_a＝U_b＝U_c＝57.74V$），$I_a＝I_c＝1A$，功角 $\varphi＝30°$	PES：149～151W
线电压 100V（$U_a＝U_b＝U_c＝57.74V$），$I_a＝I_c＝0.4A$，功角 $\varphi＝20°$	PES：64～66W
线电压 80V（$U_a＝U_b＝U_c＝46.19V$），$I_a＝I_c＝0.6A$，功角 $\varphi＝45°$	PES：58～60W

（3）若软件为 R400 - PM - 54 - v200，按表 5 - 3 校验。

表 5 - 3   软件为 R400 - PM - 54 - v200

施加量	合格范围
线电压 380V（$U_a＝U_b＝U_c＝220V$），$I_a＝I_c＝5A$，功角 $\varphi＝30°$	PES：2842～2874W
线电压 380V（$U_a＝U_b＝U_c＝220V$），$I_a＝I_c＝2A$，功角 $\varphi＝20°$	PES：1224～1256W
线电压 380V（$U_a＝U_b＝U_c＝176V$），$I_a＝I_c＝3A$，功角 $\varphi＝45°$	PES：1104～1136W

由于综保装置在使用中不能用标准电能表进行校验，在设备运行过程中，如出现电能计量不准确或不计量等故障时，必须将该设备停运后才能处理。有些重要辅机一时停不下来，只好把缺陷放置一段时间，待停下来后再处理。有时，为了计量上的要求，还要把综保装置整体换掉，造成了很多工作上的麻烦。为此，建议最好把计量与综保装置分开，比如现在很多机组都安装了多功能表，就很方便。

5.2 厂用电率影响原因分析及处理措施

5.2.1 厂用电率现状

从某电厂生产技术部提供的 2011 年 7 月厂用电率报表数据来看，两台机组综合厂用电率低于发电厂用电率，最高的一天相差 0.17%，普遍是综合厂用电率比发电厂用电率低 0.02%～0.03%，此问题不涉及外部电量结算，只是公司内部电量报表平衡问题。设备部电气二次对厂用电率影响因素进行了初步分析，现将相关计算方式、思路和结果做如下说明。

发电厂用电率和综合厂用电率计算式为

$$发电厂用电率 = \frac{A高压厂用变压器电度＋B高压厂用变压器电度＋励磁变压器电度＋启动备用变压器电度}{发电机电度}$$

$$(5-1)$$

$$综合厂用电率 = \frac{发电机电度－线路上网电度＋启动备用变压器电度}{发电机电度}$$

$$(5-2)$$

从上述计算式可以看出，理论上综合厂用电率应大于发电厂用电率，因为综合厂用电率比发电厂用电率多一个主变压器的损耗。查阅主变压器资料，单台主变压器额定负荷时损耗 P_3＝空载损耗 P_1＋负载损

耗 $P_2＝289.2kW＋1111.7kW＝1400.9kW$，与发电机容量比率 $K＝P_3/$ 发电机 $P_4＝1.401/600＝0.23\%$。所以，综合厂用电率与发电厂用电率的正确对应关系应为综合厂用电率理论上应高于发电厂用电率约 0.23%。

5.2.2　原因分析

理论上来讲，不考虑计量误差和母联断路器流过的电度量，式（5-1）和式（5-2）中"发电机电度－线路上网电度＝A高压厂用变压器电度＋B高压厂用变压器电度＋励磁变压器电度＋主变压器损耗电度（含空载损耗和负载损耗）"。上述发电机、线路、高压厂用变压器和励磁变压器均有独立的关口计量表，其二次回路也相互独立。造成综合厂用电率小于发电厂用电率的原因可能有以下几种情况：

1. A/B高压厂用变压器电度计量误差

若高压厂用变压器电度计量误差 $±0.5\%$ 变化，从式（5-1）可以看出，只会引起发电厂用电率变化，若厂用电率为 5%，则影响范围为 $4.975\%\sim5.025\%$。从现有月度报表看，该误差不能修正综合厂用电率小于发电厂用电率情况。

应某省调统一安排，2009 年 12 月 5 日该电厂完成 2 条线路、7 号机主变压器、8 号机主变压器、7 号发电机、8 号发电机电能表更换工作。更换前综合厂用电率始终大于发电厂用电率，更换关口表后才出现综合厂用电率小于发电厂用电率的情况。当时为了解决这个问题，2010 年 3 月 11 日，配合厂家将 4 台高压厂用变压器电度表误差由平均 $+0.1\%$ 下调至 -0.1% 仍不能解决这个问题。

上述分析说明，A/B 高压厂用变压器电度计量误差不是造成综合厂用电率小于发电厂用电率的原因。

2. 启动备用变压器和励磁变压器电度计量误差

由于启动备用变压器和励磁变压器电度量只有发电机电度量

0.2％，其表计±0.5％的误差对厂用电率影响可以忽略不计。

3. 发电机电度计量误差

自 2009 年 12 月更换发电机电能表以后发现综合厂用电率小于发电厂用电率的情况时，配合生技部申请省调更换发电机电能表。2010 年 5 月再次更换了发电机电能表，校验报告显示 7 号发电机电能表误差 +0.15％，8 号发电机电能表误差 +0.20％，明显高于原表计。该表正误差会导致综合厂用电率和发电厂用电率同步下降，但发电厂用电率下降更快。其影响结果应该是导致综合厂用电率理论上比发电厂用电率更大，但结果并不是这样，需要考虑重新校验发电机电能表误差。

4. 线路电度计量误差

从每个季度某电科院电能表校验情况来看，线路关口表更换前后误差都接近 0.00％。可以排除线路关口表对厂用电率的影响。

5. 计量用 TV 二次压降引起

从式 (5-1) 和式 (5-2) 可以看出，高压厂用变压器、励磁变压器、启动备用变压器和线路计量用 TV 二次压降的存在只会引起发电厂用电率下降和综合厂用电率上升，这与现场情况不符，可以不予考虑。

但发电机计量用 TV 二次压降的存在将会导致综合厂用电率和发电厂用电率同步上升，但发电厂用电率上升更快。因此需要测定计量用 TV 二次压降以判断它的影响大小。

6. 关口表的接线方式

发电机和高压厂用变压器关口表均采用三相三线式接线方式，三相电能计量功率为

$$P = U_{AB}I_A\cos\varphi_1 + U_{CB}I_C\cos\varphi_2 + U_B I_N\cos\varphi_0$$

$$= U_{AB}I_A\cos(\dot{U}_{AB}, \hat{\dot{I}}_A) + U_{CB}I_C\cos(\dot{U}_{CB}, \hat{\dot{I}}_C) + U_B I_N\cos(\dot{U}_B, \hat{\dot{I}}_N)$$

$$(5-3)$$

当 $i_N = 0$ 时，$p = u_{AB}i_A + u_{CB}i_C$，可以用两元件电能表进行计量，否则存在一个计量误差 $[少计 U_B I_N \cos(\dot{U}_B \overset{\frown}{,} \dot{I}_N)]$，其值可正可负，则电能计费系统会多计或少计（与系统负荷性质，三相负荷分配情况有关），随运行方式而变化。

上述分析可以看出，三相三线电能表接线方式在测量不平衡负荷时有一定的误差，因为接入电能表的仅为 A、C 相电流，B 相电流未引入。通过察看发电机三相电流可发现，发电机三相电流不平衡，且 B 相电流较大。

由图 5 - 1、图 5 - 2，7 号发电机三相电流 $I_A = 17237A$，$I_B = 17305A$，$I_C = 17021A$，7 号发电机 B 相电流 17305A 比最低相 C 相电流 17021A 大了 284A，由于三相电流不平衡，若不考虑相角误差和电压不平衡，B 相电流偏高造成少计电能为

图 5-3 中　$\dot{I}_o = \dot{I}_A + \dot{I}_B + \dot{I}_C = j17237 + 17305 \times 1/2 - j17305 \times 1/2 - 17021 \times 1/2 - j17021 \times 1/2 = 142 + j74 = 160 \angle 27.5° A$

P:	592.65	MW	Q:	109.54	Mvar
I_a:	17237.30	A	U_a:	11.70	kV
I_b:	17305.66	A	U_b:	11.68	kV
I_c:	17021.48	A	U_c:	11.71	kV
I_2:	139.94	A	U_{ab}:	20.28	kV
f:	50.01	Hz	U_n:	0.32	kV
$\cos\varphi$:	0.98				

图 5 - 1　7 号发电机三相电流

P:	569.28	MW			
I_a:	16568.36	A	Q:	107.24	Mvar
I_b:	16622.07	A	U_a:	11.75	kV
I_c:	16347.17	A	U_b:	11.71	kV
I_2:	160.55	A	U_c:	11.77	kV
f:	49.99	Hz	U_{ab}:	20.33	kV
$\cos\varphi$:	0.97		U_n:	0.34	kV

图 5 - 2　8 号发电机三相电流

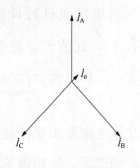

图 5-3 三相电流相量图

仅 B 相电流少计量，相当于三相电度的 1/3。

所以少计量的电量占发电机总电量的比值为

$$K = 1/3 \times (I_o/I_{av})$$
$$= 0.333 \times 160/17188 = 0.003$$

同样计算出 8 号发电机电能表少计量的电量占发电机总电量的比值为 0.32%。将少计量的电度计入厂用电统计报表，调整后，综合厂用电率高于发电厂用电率大约 0.28%，与估算出的主变压器损耗占发电机电量的比值 0.24%大约相等。

上述分析说明，接线方式是影响综合厂用电率和发电厂用电率误差的重要原因之一，其受外部负荷性质和线路参数影响。

7. 电度计量用 TA/TV 误差

由于发电机和线路关口表更换前综合厂用电率高于发电厂用电率，关口表更换后才出现综合厂用电率小于发电厂用电率的情况，可以先不考虑计量用 TA/TV 误差对厂用电率的影响。

通过上述分析，专业认为发电机关口表计量误差、发电机计量用 TV 二次压降、发电机和高压厂用变压器关口表三相三线式接线方式是造成综合厂用电率小于发电厂用电率的可能原因。

5.2.3 解决方案

1. 发电机关口表计量误差

由该电厂生技部联系某电科院完成发电机关口表误差校验，若误差超标或离散性过大则向省计量中心申请更换合格的发电机关口表。

2. 发电机计量用 TV 二次压降

由该电厂生技部联系某电科院完成发电机计量用 TV 二次压降测试，若不合格，电气二次负责查找原因并处理。属于 TV 二次空气开关或二次电缆原因则更换，属于接触电阻过大则采取措施降低回路电阻。

3. 关口表的接线方式

若通过以上两项检查没能查明原因，则由该电厂生技部向省计量中心申请将发电机关口表更换为三相四线制关口表。电气二次负责完成发电机和高压厂用变压器关口表选型和更换。

更换关口表的理由是依据 DL/T 448—2016《电能计量装置技术管理规程》5.2 条规定："接入非中性点绝缘系统的电能计量装置，应采用三相四线有功、无功或多功能电能表"。该电厂发电机属非中性点绝缘系统，且发电机机端 TV 的 N 线可以引入发电机电能表屏，可以要求将发电机和高压厂用变压器电能表更换为三相四线制电能表。

4. 修正综合厂用电率计算公式

不进行发电机和高压厂用变压器关口表更换（或省调不同意更换关口表的情况下），将式（5 - 2）中"发电机电度 - 线路上网电度"用"主变压器电度＋A 高压厂用变压器电度＋B 高压厂用变压器电度＋励磁变压器电度"代替，理论上若不考虑主变压器出线至 GIS 室的线损，两者是相等的。

按照修正公式计算厂用电率肯定不会出现综合厂用电率小于发电厂用电率的情况。

5.3　关口计量用互感器干扰的另类体现形式——隐性误差

目前大量的电压互感器及电流互感器在电网中承担着关口计量的重任，对互感器的误差检测工作愈发地重要。在现场误差试验中，试验人员对明显超过准确度等级的"显性误差"较好判别，往往出具检定结果通知书让用户整改，但对在合格范围之内却偏离零值的"隐性误差"明显地关注不够，一些电力部门发现安装的高压电能计量装置出现少计电量现象，这跟"隐性误差"的存在不无关系。

"隐性误差"可归结为干扰的一种另类体现。造成"隐性误差"出现的原因很多，归纳起来主要有以下几种：

1. 电网一次的干扰影响

电流互感器 TA 的变比应根据实际投运后的变比选择，使得实际运行电流为额定值的 60% 左右。而目前现场安装的 TA（特别是 500kV TA）所选额定一次电流过大，TA 投运后将工作在额定值的 60% 工况下，小负荷下的"隐性误差"难以免除（见图 5 - 4），而该"隐性误差"又是常规检测试验难以判别的。

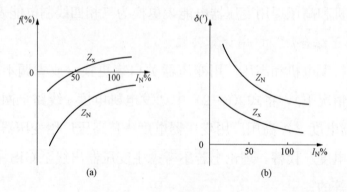

图 5 - 4　TA 误差曲线

(a) 小负荷与额定负载下比差对比；(b) 小负荷与额定负载下角差对比

2. 数据修约的干扰影响

根据原始记录出具检定证书时，要将数据进行修约后再判断误差是否在合格范围之内。但有一种情况常常被忽略掉：检测数据超差，修约后却合格，修约值掩盖了真实值。

比如 0.2 级，当测量误差为 -0.21～+0.21 时，修约后均在合格范围，而＋0.21－(－0.21)＝0.42，此"误差带"就是正、负误差限之差，亦即 2 倍误差限，在"误差带"的极端情况下将给电量的贸易结算结果带来重大影响。

鉴于此，仅对该省于 2006 年制订了 DB 32/866—2005《电网关口电能计量装置配置规范》：互感器二次计量绕组接额定负荷和 1/4 额定负荷时，其检定误差应不大于误差限值的 60％。这样一来，可有效地缩小"误差带"，减少数据修约带来的"隐性误差"。比如 0.2 级，按照检定误差应不大于误差限值的 60％，"误差带"变为－0.12～＋0.12，使得原来"合格"的被试对象变得不再合格。

3. 剩磁的干扰影响

从磁路方面分析可知，电流互感器的基本误差 ε 等于励磁磁势 F_0 与工作磁势 F_1 之比

$$\varepsilon = F_0/F_1 = f + \mathrm{j}\delta \tag{5-4}$$

式中　f——比差，％；

　　　δ——角差，(′)。

当铁芯有剩磁时，F_0 增加，ε 增大，带来计量误差。

在现场电流互感器的误差检验中，发现剩磁影响最大可到 0.4％。而互感器投运后，电流互感器在运行过程中如突然断电或者二次侧开路，或者进行切合操作或者在绕组中误通直流电流，铁芯都可能重新产生剩磁，使磁导率下降，增大电流互感器的误差，而这种剩磁是难以通过所谓的直流去磁法、交流去磁法或开路去磁法、闭路去磁法消除的。

4. 高电压、大电流互感器的干扰影响

现场进行误差检测，对高电压、大电流互感器的检测比较困难，原因是被试对象电压、电流等级高，所需试验标准准确度高，容量大，而试验设备往往难以满足要求；另外现场的电磁干扰、回路参数匹配等因素也使得升压或升流不畅，比如电压只能升到 80％额定电压，电

流只能升到 50％额定电流，特别是对 GIS（gas‐insulated metal en-closed switchgear，气体绝缘全封闭组合电器）中的 TV、TA，由于试验回路过长，升压量或升流量还要低得多，试验人员只能采用数据拟合或线性估测的方法得出更高的额定电压百分值下的"检测数据"或更高的额定电流的百分值下的"检测数据"，这其间就包含了"隐性误差"成分。

5. 检定装置的干扰影响

按规定，检定装置的总不确定度应小于被测对象准确度的 1/3，这样装置的误差方可忽略不计。但在现场试验时，由于检定装置由标准互感器、互感器校验仪、调压器、升流器、升压器、连接线等组成，根据现场被测对象参数的不同，检定装置的组合方式、组成部件也不尽相同，但每次试验前又没有进行装置总不确定度的核算，这其中难免有"隐性误差"存在。

6. 二次负荷的干扰影响

2009 年某单位现场校验的上网关口计量用电压互感器总计 286 只，现场校验的上网关口计量用电流互感器总计 240 只。根据互感器现场检测数据可绘制 TV 二次回路施加额定负荷 S_N 时和 $25\%S_N$ 时的比差区间分布图（见图 5‐5）。

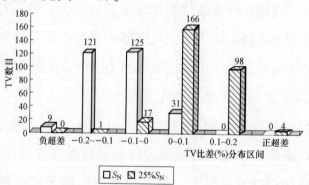

图 5‐5　TV 比差分布区间图

从图 5-5 可见：额定负荷时互感器负超差者较多，约 3.15%，而 25% 额定负荷时则恰相反，正超差比例较大，达 1.40%。比差合格范围内的电压互感器分布在 [-0.2%，+0.2%] 区间，其中额定负荷时，TV 比差合格率为 96.85%；25% 额定负荷时，TV 比差合格率为 98.60%。但是，从分布图上也可以看出：二次绕组带额定负荷时负误差所占比例占绝对优势，比差在 [-0.2%，0] 范围者总计占 86.02%，而 25% 额定负荷时则恰相反，正误差者比例占绝对优势，比差在 [0，0.2%] 范围者占 92.31%。

由此可见，当 TV 二次负荷处于轻载状态时，其误差趋于正向，满载时则相反。TV 计量绕组二次额定负荷普遍在 80~150VA 之间，100、150VA 者占大多数，而 TV 实际二次负荷在 20VA 以下者占 90.97%，这表明目前省网关口计量用 TV 普遍处于轻载状态，尚达不到 25% 额定负荷，因此其误差将普遍趋于正的"隐性误差"，影响了电能计量的准确性和公正性。

同样，TA 也存在类似现象。根据误差学理论，随机误差的分布应趋于零，近似于正态分布，当误差向某一个方向倾斜时，即应从系统上着手采取相应措施纠正这种偏差。

7. 功率因数的干扰影响

现场实际二次负荷的功率因数较低（有时达 0.4），而试验用的负载箱的功率因数只有 1.0 和 0.8 两种，且不能连续可调，很难与实际情况相吻合，造成"隐性误差"。

8. 检测方法的干扰影响

"低压外推法测电流互感器误差"是一种测量高电压大电流的新方法。根据互易原理，可将电流互感器看作等变比和等空载误差的电压互感器，电流互感器的一次和二次，分别作为电压互感器的二次和一次。由于大电流互感器的一次只有 1 匝，即电压互感器的二次电压很小，无法准确测定其误差，因此先在电流互感器的二次施加等于铁芯最大磁导率下二次感应电势，也就是在尽可能大的电压下，作为电压互感器的外推点，测电压互感器的空载误差和导纳，然后再施加等于被测点二次感应电势的电压，测被测点的导纳，算出两者空载误差增量，加上外推点的空载误差和被测点的负荷误差，就可求得被测点在额定负荷与下限负荷下的误差 ε。

外推点的空载复数误差

$$\varepsilon_t = -Y_{mt}Z_2 + \Delta f \qquad (5-5)$$

式中　Y_{mt}——外推点励磁导纳，S；

　　　Z_2——二次绕组阻抗，Ω；

　　　Δf——比值差补偿量，%。

空载误差增量

$$\Delta\varepsilon = (Y_{mt} - Y_m)Z_2 \qquad (5-6)$$

式中　Y_m——测试点的励磁导纳，S。

$$\varepsilon = \varepsilon_t + \Delta\varepsilon - Y_mZ \qquad (5-7)$$

式中　Z——负荷阻抗。

被测点的复数误差为外推点空载误差、空载误差增量和负荷误差的复数和。

由此研制的电流互感器现场检定装置是一种带有标准电压互感器、升压器、电子电源和微机式互感器校验仪组成的新原理电流互感器检定装置。与传统的检定方法相比，该综合误差中没有负荷箱引起的误差，没有差值回路引起的误差；但增添了校验仪测参数引起的测量误差，另外外磁场影响增大，引起的测量误差增大，其综合误差比传统检定方法的综合误差略大，但仍小于 1/3，满足要求。

经现场使用发现，采用低压外推法测电流互感器误差的方法对新建的尚未投运的变电站中的 TA 检测较快捷且准确，曾在某变电站对一组 220kV TA 运用传统方法及低压外推法分别进行了误差测试，比差、角差数据吻合。但对投运的变电站，当部分停电后做 TA 检测时，采用两种方法得出数据有时相差近 10 倍，在 500kV 变电站还出现了装置"花屏"无法测试的现象，说明目前使用的检定装置抗干扰能力差，构造上存在缺陷，拟与生产厂家一道开展检定装置现场抗干扰的试验研究，使其成为精度高、适用范围广的测试仪器。

9. 检定规程的干扰影响

如今尚无专供现场试验使用的检定规程，只是参考实验室使用的两个规程，势必有不适应之处，也会给计量带来"隐性误差"。

国家标准囊括了互感器的所有试验项目，对误差试验这一项目叙述较简单，特别是 GB 20840.3—2013 只适用于电磁式电压互感器，对现场广泛使用的 CVT（Capacitive voltage transformer，电容式电压互感器）不适用，现场试验参考价值不大。

针对上述存在的"隐性误差"干扰影响，消除的办法主要是从源头上加以控制，比如，使电流互感器实际一次电流为其额定电流的 60% 左右，使其工作在最优状态；二次计量回路实际负荷应为其额定负荷的 60%±10%，对于小于 50% 额定负荷的情况，应在二次计量回路施加相应的负荷使其达到 60%±10% 额定负荷。互感器二次计量绕组接额定负荷和 1/4 额定负荷时，其检定误差应不大于误差限值的 60%。使运行中的互感器的二次负荷最好处于额定二次负荷及 1/4 额定负荷之间等。

造成计量互感器"隐性误差"的因素不仅仅是上述的 9 条。随着今后特高压的发展，电网电压等级的提高势必会带来新的计量"隐性误差"干扰影响，开展这方面的试验研究将对计量工作具有深远意义。

5.4 副母C相空气开关失压调查及电量分析

某电厂向省公司汇报，该厂7月16日至7月19日期间4Y38线、4Y40线关口表C相单相失压，导致少计上网电量若干，经现场处理后已恢复正常，申请调查退补失压期间的上网电量。7月27日省电科院计量中心赴现场调查，结合江苏电网电能量计量系统的负荷曲线采集信息，确认失压时间段为7月16日上午8：00至7月19日下午17：15，经分析估算，失压约造成少计上网电量12693466kWh。

1. 关口概况

某电厂有四个220kV上网关口，分别送往南京苏庄变电站和高桥变电站，关口计量点设在电厂侧，关口布置示意图如图5-6所示。2011年6月投运。计量方式为三相四线制。

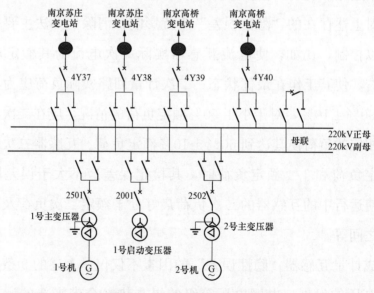

图5-6 某电厂关口布置示意图

2. 故障原因分析及失压时间界定

7月19日，该电厂报表统计人员发现自本月16日起上网电量显著降低，但发电量则与之前基本持平，随即派技术人员详查原因。进一步的调查发现，副母 TV 计量绕组二次空气开关虽处于合位，但 C 相上桩头对中性线电压正常，下桩头则电压为零。A 相和 B 相则正常。副母 C 相空气开关虽处合位，但内部电路不通，导致单相失压。计量绕组空气开关为三极联动空气开关。7 月 19 日 17：00 左右，技术人员将该故障空气开关进行复位后，测量显示三相电压均恢复正常。

经核查确认，在副母 C 相计量回路失压之前，该厂没有任何二次系统的操作。该厂保护与计量专业均由继保班负责，二次技术人员指出该厂保护用空气开关此前也发生过两起失压，情况类似，也是运行过程中空气开关处于合位，突然失压，复位后电压恢复正常。保护用空气开关为同一个生产厂家同一批采购的产品，但保护用空气开关为单极开关。

该电厂唐苏 4Y38 线和唐高 4Y40 线挂接在副母线上，采用副母 TV 数据。其余两条出线挂接在正母线上。《调阅××电网电能量计量系统》遥测数据发现，7 月 16 日上午 8：00 副母 C 相电压（即 4Y38 线电压数据）降为零（见图 5-7），该系统 15min 采集一次数据，说明失压时间在 7：45 至 8：00 之间。7 月 19 日 17：30 电压恢复正常，说明电压恢复时间在 17：15 至 17：30 之间。因此，根据系统提供的数据（见图 5-8），失压时间区间为 7 月 16 日 8：00 至 7 月 19 日 17：15。

3. 对侧替代法计算退补电量

考虑到该电厂对侧苏庄变电站和高桥变电站均按关口计量装置要求配置，可以提取对侧关口校核表在故障期间的电量数据作为退补电量的依据。由于该电厂的送出线路资产分界点在变电站侧，因此变电站侧关口电量数据可以直接作为结算电量，系统上采集的电厂侧数据在结算前已扣减该电厂到变电站侧的线损。但鉴于变电站侧电压互感器超差，因此应该按照 DB 32/990—2007《电能计量超差（差错）退

2011年07月16日 唐苏4Y38线 辅助数据查询

主表 ▼ 所有数据 ▼ 所有数据 ▼ 数据形式 ▼ 遥测数据 ▼   ◀ 2011-07-16 15:15 ⏱ ▶ ✔确定

数据时间	表计状态	电压			电流			功率		
		A相	B相	C相	A相	B相	C相	有功	无功	功率因数
06:00	00800000	6.07	6.07	6.03	1.37	1.37	1.35	·	·	·
06:15	00800000	6.07	6.07	6.09	1.37	1.36	1.37	·	·	·
06:30	00800000	6.07	6.07	6.09	1.38	1.37	1.38	·	·	·
06:45	00800000	6.07	6.07	6.09	1.37	1.36	1.37	·	·	·
07:00	00800000	6.07	6.07	6.09	1.36	1.36	1.37	·	·	·
07:15	00800000	6.06	6.07	6.09	1.37	1.36	1.38	·	·	·
07:30	00800000	6.06	6.06	6.08	1.41	1.40	1.41	·	·	·
07:45	00800000	6.06	6.06	6.08	1.43	1.42	1.43	·	·	·
08:00	01800004	6.06	6.06	0.95	1.44	1.43	1.44	·	·	·
08:15	01900004	6.07	6.07	0.00	1.38	1.37	1.38	·	·	·
08:30	01800004	6.07	6.08	0.00	1.39	1.38	1.40	·	·	·
08:45	01800004	6.07	6.07	0.00	1.44	1.42	1.44	·	·	·
09:00	01800004	6.06	6.07	0.00	1.50	1.49	1.51	·	·	·
09:15	01800004	6.06	6.07	0.00	1.49	1.47	1.49	·	·	·
09:30	01800004	6.08	6.08	0.00	1.50	1.49	1.51	·	·	·
09:45	01800004	6.08	6.08	0.00	1.49	1.49	1.51	·	·	·
10:00	01800004	6.07	6.08	0.00	1.54	1.52	1.54	·	·	·
10:15	01800004	6.08	6.08	0.00	1.55	1.53	1.54	·	·	·
10:30	01800004	6.08	6.08	0.00	1.58	1.56	1.58	·	·	·
10:45	01800004	6.08	6.08	0.00	1.60	1.57	1.59	·	·	·
11:00	01800004	6.08	6.08	0.00	1.57	1.55	1.56	·	·	·

单位：电压(V) 电流(A) 功率(kW/kVar)

图5-7　副母电压失压遥测记录

2011年07月19日 唐苏4Y38线 辅助数据查询

主表 ▼ 所有数据 ▼ 所有数据 ▼ 数据形式 ▼ 遥测数据 ▼   ◀ 2011-07-19 15:15 ⏱ ▶ ✔确定

数据时间	表计状态	电压			电流			功率		
		A相	B相	C相	A相	B相	C相	有功	无功	功率因数
15:00	01800004	6.04	6.04	0.00	1.83	1.79	1.80	·	·	·
15:15	01800004	6.04	6.04	0.00	1.82	1.79	1.80	·	·	·
15:30	01800004	6.04	6.04	0.00	1.82	1.79	1.80	·	·	·
15:45	01800004	6.04	6.05	0.00	1.81	1.78	1.79	·	·	·
16:00	01800004	6.04	6.05	0.00	1.81	1.78	1.79	·	·	·
16:15	01800004	6.04	6.04	0.00	1.81	1.78	1.79	·	·	·
16:30	01800004	6.05	6.05	0.00	1.82	1.80	1.81	·	·	·
16:45	01800004	6.05	6.05	0.00	1.84	1.81	1.82	·	·	·
17:00	01800004	6.05	6.05	0.00	1.86	1.84	1.84	·	·	·
17:15	01900004	6.05	6.05	2.97	1.77	1.75	1.75	·	·	·
17:30	00800000	6.08	6.08	6.10	1.46	1.44	1.44	·	·	·
17:45	00800000	6.08	6.08	6.09	1.24	1.21	1.21	·	·	·
18:00	00800000	6.08	6.08	6.10	1.13	1.10	1.10	·	·	·
18:15	00800000	6.08	6.09	6.10	1.10	1.08	1.08	·	·	·
18:30	00800000	6.08	6.08	6.10	1.10	1.09	1.08	·	·	·
18:45	00800000	6.09	6.09	6.10	1.10	1.08	1.07	·	·	·
19:00	00800000	6.08	6.08	6.10	1.08	1.07	1.06	·	·	·
19:15	00800000	6.07	6.07	6.09	1.26	1.23	1.23	·	·	·
19:30	00800000	6.06	6.07	6.08	1.43	1.41	1.40	·	·	·
19:45	00800000	6.07	6.08	6.09	1.47	1.45	1.44	·	·	·
20:00	00800000	6.07	6.07	6.09	1.48	1.46	1.45	·	·	·

单位：电压(V) 电流(A) 功率(kW/kVar)

图5-8　副母电压恢复遥测记录

补电量计算》第5.1.2.2和第4.1.2款的要求，根据额定电压、实际二次负荷下的合成误差算得计量器具超差更正系数，扣减超差部分的电量，作为应结算电量。在此基础上计算应退补电量。

鉴于苏庄变电站电流互感器合格、电压互感器超差，应根据电压互感器误差测试情况对电量进行修正。根据 DB 32/990—2007《电能计量超差（差错）退补电量计算》第 5.1.2 款规定，互感器误差应以各相电流（电压）互感器比差、角差的合成误差为计算依据。电压互感器误差取额定一次电压、实际二次负荷时的检定误差值。

经查 EMS 监控图，苏庄 4Y38 线挂接在Ⅳ母，根据变电站互感器现场检定数据，Ⅳ母合成误差约为

$$\gamma_{HU} = \frac{1}{3}(f_{Ua} + f_{Ub} + f_{Uc})$$

$$= \frac{1}{3}(0.305\% + 0.225\% + 0.286\%) = 0.272\%$$

因此苏庄 4Y38 线在故障期间修正后的实际上网电量为

$$W = W'(1 - \gamma_{HU}) = 20192199 \times (1 - 0.272\%) = 20137276(kWh)$$

高桥变电站电压互感器、电流互感器误差均合格，无需修正。

因此，该电厂关口失压期间对侧变电站实际计得的上网电量为（20137276＋18363070）＝38500346(kWh)。

根据表 5 - 4 计算结果，该电厂在单相失压期间计得电量为 25806880kWh，因此需退补给电厂的电量为（38500346－25806880）＝12693466(kWh)。

表 5 - 4　　　　苏庄 4Y38 线、高桥 4Y40 线关口表电量统计　　　　kWh

线路 ＼ 时间	7.16 8：00～24：00	7.17 全天	7.18 全天	7.19 0：00～17：15	合计
4Y38	4134345.6	5909165	5885722	4262966.4	20192199
4Y40	3689620	5175830	5528930	3968690	18363070

苏庄变电站、高桥变电站在故障期间的统计电量如图5-9、图5-10所示。

唐苏4Y38线

设备电量统计　时段定义　Excel

主表 ▼　有功数据 ▼　数据形式 ▼　统计数据 ▼

日数据　月数据　年数据　按时段

<< 　2011　▼　7　▼　>>　确定

日　期	正向有功				反向有功			
	总	峰	谷	平	总	峰	谷	平
2011年07月11日	0.0000	0.0000	0.0000	0.0000	591.52	206.41	185.30	199.82
2011年07月12日	0.0000	0.0000	0.0000	0.0000	636.21	221.62	192.68	221.91
2011年07月13日	0.0000	0.0000	0.0000	0.0000	624.56	206.98	212.45	205.14
2011年07月14日	0.0000	0.0000	0.0000	0.0000	527.77	180.84	151.77	195.16
2011年07月15日	0.0000	0.0000	0.0000	0.0000	546.62	183.89	173.15	189.57
2011年07月16日	0.0000	0.0000	0.0000	0.0000	584.07	193.91	170.64	219.52
2011年07月17日	0.0000	0.0000	0.0000	0.0000	590.92	196.19	189.86	204.86
2011年07月18日	0.0000	0.0000	0.0000	0.0000	588.57	202.44	186.77	199.36
2011年07月19日	0.0000	0.0000	0.0000	0.0000	575.07	193.24	169.53	212.30
2011年07月20日	0.0000	0.0000	0.0000	0.0000	570.82	200.59	161.69	208.54
2011年07月21日	0.0000	0.0000	0.0000	0.0000	583.56	219.61	163.04	200.91
2011年07月22日	0.0000	0.0000	0.0000	0.0000	605.75	204.16	166.78	234.81
2011年07月23日	0.0000	0.0000	0.0000	0.0000	692.87	226.16	222.13	244.58
2011年07月24日	0.0000	0.0000	0.0000	0.0000	625.89	210.12	192.65	223.12
2011年07月25日	0.0000	0.0000	0.0000	0.0000	638.13	210.60	205.59	221.94
2011年07月26日	0.0000	0.0000	0.0000	0.0000	604.40	198.43	194.43	211.54
2011年07月27日	0.0000	0.0000	0.0000	0.0000	650.09	207.64	211.69	230.77

峰:[峰1:08:00~12:00][峰2:17:00~21:00]平:[平1:12:00~17:00][平2:21:00~24:00]谷:[谷1:00:00~08:00]　单位:有功[万kW·h],无功[万kVarh]

图5-9　故障期间苏庄变电站4Y38线关口统计电量

唐高4Y40线

设备电量统计　时段定义　Excel

主表 ▼　有功数据 ▼　数据形式 ▼　统计数据 ▼

日数据　月数据　年数据　按时段

<< 　2011　▼　7　▼　>>　确定

日　期	正向有功				反向有功			
	总	峰	谷	平	总	峰	谷	平
2011年07月11日	579.4800	211.9810	163.4930	204.0060	0.00	0.00	0.00	0.00
2011年07月12日	582.0100	212.7180	159.0270	210.2650	0.00	0.00	0.00	0.00
2011年07月13日	579.0070	201.2780	181.9620	195.7670	0.00	0.00	0.00	0.00
2011年07月14日	468.6220	168.6300	126.0270	173.9650	0.00	0.00	0.00	0.00
2011年07月15日	484.5610	172.4250	140.9430	171.1930	0.00	0.00	0.00	0.00
2011年07月16日	507.7380	174.6140	138.7760	194.3480	0.00	0.00	0.00	0.00
2011年07月17日	517.5830	180.0700	153.7580	183.7550	0.00	0.00	0.00	0.00
2011年07月18日	552.8930	201.5640	152.9440	198.3850	0.00	0.00	0.00	0.00
2011年07月19日	547.4810	193.2370	149.9410	204.3030	0.00	0.00	0.00	0.00
2011年07月20日	551.1990	203.3790	139.9200	207.9000	0.00	0.00	0.00	0.00
2011年07月21日	588.5000	222.3430	162.5690	203.5880	0.00	0.00	0.00	0.00
2011年07月22日	592.7130	211.7830	141.8780	239.0520	0.00	0.00	0.00	0.00
2011年07月23日	675.1910	230.1310	201.5310	243.5290	0.00	0.00	0.00	0.00
2011年07月24日	633.6110	216.3040	187.0770	230.2300	0.00	0.00	0.00	0.00
2011年07月25日	671.4620	229.0530	198.2530	244.1560	0.00	0.00	0.00	0.00
2011年07月26日	608.4210	203.0380	187.4620	217.9210	0.00	0.00	0.00	0.00
2011年07月27日	628.1770	213.4990	180.4330	234.2450	0.00	0.00	0.00	0.00

峰:[峰1:08:00~12:00][峰2:17:00~21:00]平:[平1:12:00~17:00][平2:21:00~24:00]谷:[谷1:00:00~08:00]　单位:有功[万kW·h],无功[万kVarh]

图5-10　故障期间高桥变电站4Y40线关口统计电量

4. 根据电厂侧数据计算退补电量

对于三相四线制计量方式，在三相严格平衡的情况下，单相失压会导致少计电量 1/3。因此首先累计电厂侧关口失压期间的厂侧实际计得电量（见表 5-5），然后乘以单相失压更正系数，获得实际上网电量。

表 5-5　　　　　　故障期间 4Y38 线、4Y40 线关口表实际计得电量　　　　　　kWh

线路＼时间	7.16	7.17	7.18	7.19	合计
	8：00 至 24：00	全天	全天	0：00 至 17：15	
4Y38	2754400	3933600	3923920	2851200	13463120
4Y40	2477200	3475120	3712720	2678720	12343760
失压期间 4Y38 线、4Y40 线关口表累计					25806880

设 W' 为非正常时的计量电量值，W 为正确值，则

$$K = W/W'$$

对于单相失压情况，K 为 $3/2$。

因此失压期间的实际发生电量应为

$$W = KW' = 1.5 \times 25806880 = 38710320(\text{kWh})$$

$$\Delta W = W - W' = 12903440(\text{kWh})$$

该电厂侧关口在失压期间的统计电量如图 5-11、图 5-12 所示。

5. 结论与建议

该电厂内副母 C 相失压，导致挂接于副母的 4Y38 线、4Y40 线关口少计电量，考虑到该厂资产分界点在对侧变电站，且对侧关口表、计量屏柜均按关口配置，信息采集系统完备，数据充分，更正系数明确；但在长达三天多的时间内，严格三相平衡则较难保证；因此建议采用对侧变电站替代法，经计算少计电量约 12693466kWh，建议退补。

6. 事故反思与启示

此次故障凸显电厂侧二次回路监控管理不够、抄表工作安排不合

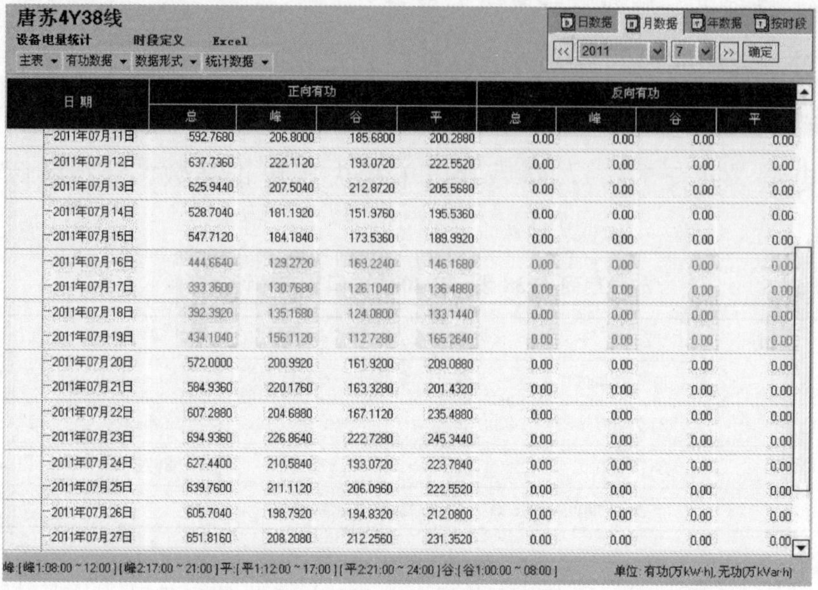

唐苏4Y38线

设备电量统计　　时段定义　　Excel
主表 ▾　有功数据 ▾　数据形式 ▾　统计数据 ▾

日期	正向有功				反向有功			
	总	峰	谷	平	总	峰	谷	平
2011年07月11日	592.7680	206.8000	185.6800	200.2880	0.00	0.00	0.00	0.00
2011年07月12日	637.7360	222.1120	193.0720	222.5520	0.00	0.00	0.00	0.00
2011年07月13日	625.9440	207.5040	212.8720	205.5680	0.00	0.00	0.00	0.00
2011年07月14日	528.7040	181.1920	151.9760	195.5360	0.00	0.00	0.00	0.00
2011年07月15日	547.7120	184.1840	173.5360	189.9920	0.00	0.00	0.00	0.00
2011年07月16日	444.6640	129.2720	169.2240	146.1680	0.00	0.00	0.00	0.00
2011年07月17日	393.3600	130.7680	126.1040	136.4880	0.00	0.00	0.00	0.00
2011年07月18日	392.3920	135.1680	124.0800	133.1440	0.00	0.00	0.00	0.00
2011年07月19日	434.1040	156.1120	112.7280	165.2640	0.00	0.00	0.00	0.00
2011年07月20日	572.0000	200.9920	161.9200	209.0880	0.00	0.00	0.00	0.00
2011年07月21日	584.9360	220.1760	163.3280	201.4320	0.00	0.00	0.00	0.00
2011年07月22日	607.2880	204.6880	167.1120	235.4880	0.00	0.00	0.00	0.00
2011年07月23日	694.9360	226.8640	222.7280	245.3440	0.00	0.00	0.00	0.00
2011年07月24日	627.4400	210.5840	193.0720	223.7840	0.00	0.00	0.00	0.00
2011年07月25日	639.7600	211.1120	206.0960	222.5520	0.00	0.00	0.00	0.00
2011年07月26日	605.7040	198.7920	194.8320	212.0800	0.00	0.00	0.00	0.00
2011年07月27日	651.8160	208.2080	212.2560	231.3520	0.00	0.00	0.00	0.00

峰:[峰1:08:00~12:00][峰2:17:00~21:00]平:[平1:12:00~17:00]平2:21:00~24:00]谷:[谷:1:00:00~08:00]　　单位:有功(万kW·h),无功(万kVarh)

图 5-11　故障期间 4Y38 线关口统计电量

唐高4Y40线

设备电量统计　　时段定义　　Excel
主表 ▾　有功数据 ▾　数据形式 ▾　统计数据 ▾

日期	正向有功				反向有功			
	总	峰	谷	平	总	峰	谷	平
2011年07月11日	581.7680	212.8720	164.1200	204.7760	0.00	0.00	0.00	0.00
2011年07月12日	584.3200	213.5760	159.5440	211.2000	0.00	0.00	0.00	0.00
2011年07月13日	581.0640	201.9600	182.6000	196.5040	0.00	0.00	0.00	0.00
2011年07月14日	470.0960	169.2240	126.3680	174.5040	0.00	0.00	0.00	0.00
2011年07月15日	486.1120	173.0960	141.3280	171.6880	0.00	0.00	0.00	0.00
2011年07月16日	385.4400	117.2160	137.7200	130.5040	0.00	0.00	0.00	0.00
2011年07月17日	347.5120	120.9120	103.3120	123.2880	0.00	0.00	0.00	0.00
2011年07月18日	371.2720	135.3440	102.7840	133.1440	0.00	0.00	0.00	0.00
2011年07月19日	418.8800	158.5760	100.6720	159.6320	0.00	0.00	0.00	0.00
2011年07月20日	553.3440	204.2480	140.3600	208.7360	0.00	0.00	0.00	0.00
2011年07月21日	590.9200	223.3440	163.1520	204.4240	0.00	0.00	0.00	0.00
2011年07月22日	595.3200	212.7840	142.3840	240.1520	0.00	0.00	0.00	0.00
2011年07月23日	678.3920	231.2640	202.4000	244.7280	0.00	0.00	0.00	0.00
2011年07月24日	636.4160	217.4480	187.7040	231.2640	0.00	0.00	0.00	0.00
2011年07月25日	674.6080	230.2080	198.9680	245.4320	0.00	0.00	0.00	0.00
2011年07月26日	610.8960	203.8960	188.0560	218.9440	0.00	0.00	0.00	0.00
2011年07月27日	630.7840	214.5440	181.0160	235.2240	0.00	0.00	0.00	0.00

峰:[峰1:08:00~12:00][峰2:17:00~21:00]平:[平1:12:00~17:00]平2:21:00~24:00]谷:[谷:1:00:00~08:00]　　单位:有功(万kW·h),无功(万kVarh)

图 5-12　故障期间 4Y40 线关口统计电量

理、设备质量管理和预控意识不够，应尽快进行管理、技术、设备方面整改，确保关口计量装置运行安全、稳定、准确。

本次故障持续时间达 81h，关口失压故障期间发电量较大，导致少计电量过千万千瓦时。起因系二次设备质量问题，但电厂方没有及时发现问题，导致故障未能及时消除，应引以为戒。启示如下：

（1）运行值班力度不够，单相失压报警没有及时发现并上报，拖延了处理时间，导致电量差错巨大，今后电厂应加强关口计量二次回路监控，防范类似问题发生。

（2）关口电能量自动采集系统能力具备的情况下，抄表工作重点应放在观察电能表、二次回路运行状态上，关注有无报警并及时上报处理。

（3）此前已发生过两起同批次空气开关质量问题，电厂没有引起足够重视，建议尽快更换所有关口二次电压回路次品空开，防范类似问题再度发生。

5.5　空间电磁场干扰对高压电流互感器检测准确度的影响分析

电流互感器特别是现场电流互感器的检测作为电能计量工作的强制检定项目，检测工作越来越重要，而现场电流互感器检测时往往又处于较复杂的电磁环境中，空间电磁场产生的干扰势必会影响电流互感器测量准确度，从而影响电能计量的准确性。在现场检测中尤以 500kV 变电站电磁环境最为复杂。以下就以 500kV 变电站现场电流互感器的检测进行分析。

5.5.1　500kV 变电站存在的电磁干扰及相关测量

超高压变电站是超高压电网变换电压、接受和分配电能、控制电力流向和调整电压的重要电力设施，它主要由电力变压器、开关设备、电流互感器、电压互感器及连接母线等一次设备和控制、保护、监测等二次设备构成。变电站运行时的高电压、大电流以及开关操作产生的暂态骚扰等多种电磁骚扰相互作用，构成了特殊和复杂的电磁环境。部分停电的 500kV 变电站作为现场电流互感器检测的工作环境，存在各种稳态和暂态的电磁干扰，分析和研究变电站存在的干扰源及作用机理，对准确测试现场电流互感器是十分必要的。

1. 正常运行的变电站可能存在的干扰源及作用方式

（1）高压隔离开关和断路器的操作。这些操作可能在母线或线路上引起含有多种频率分量的衰减震荡波，母线（或电气设备间的连线）相当于天线，将暂态电磁场的能量向周围空间辐射；同时，通过连接在母线或线路上的测量设备（电流互感器 TA、电压互感器 TV 或电容式电压互感器 CVT）直接耦合至二次回路。

（2）正常运行时产生的工频电磁场，无线电干扰和可听噪声。

（3）局部放电（电晕、沿面放电）。产生频率较高（可达 10MHz）的电磁辐射，并可能在二次电子设备的线路中引起骚扰。

（4）电源本身，如电压波动、电压暂降、短时中断、电源频率变化及谐波等。

（5）静电放电。这是由于工作人员对设备处置造成的，可能引起设备丧失其功能。电子设备可能遭受到工作人员向金属外壳或电子线路静电放电的影响。

（6）无线电发射机（步话机等移动通信终端设备）。变电站工作人员用的无线电通信工具是变电站内高频场的主要来源，它比局部放电（电晕、沿面放电）要严重。

（7）二次回路中的开关、继电器操作。由于感性负载的存在，在二次回路的信号电源端口以及控制端口产生中等频率的（1～

10MHz)、振荡的、电压快速瞬变的脉冲骚扰。

变电站中一次回路和二次回路之间存在着电和磁的联系，因此在一次回路中发生的任何形式的电磁干扰都会通过不同的耦合途径传入二次回路形成干扰。

2. 变电站工频电场和工频磁场的测量

以某 500kV 变电站 5013 - A 相停电的电流互感器为测试点测试工频电场和工频磁场的数据见表 5 - 6。

表 5 - 6　　　　　　　　测试点测试工频电场和工频磁场数据

测试点	场强	距离地面的高度						
		0m	0.5m	1m	1.5m	2m	2.5m	3m
A41	H (μT)	0.53	0.45	0.40	0.30	1.05	1.83	1.80
	E (V/m)	113	238	390	490	777	1070	1189
A11	H (μT)	1.15	1.19	1.28	1.30	2.49	2.50	2.68
	E (V/m)	178	260	658	1000	1038	1160	1200
A21	H (μT)	0.404	0.454	0.248	0.340	0.478	0.383	0.340
	E (V/m)	260	485	918	1319	1648	1709	1758
A31	H (μT)	0.579	0.588	0.688	0.718	0.759	0.790	0.828
	E (V/m)	79	460	640	1111	1714	2280	3030

图 5 - 13 所示为 A11 点的电场强度随高度（距离地面高度）变化的曲线图。从图 5 - 13 可以看出随高度变化，电场强度 E 变化较大。

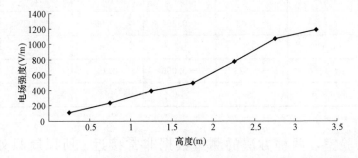

图 5 - 13　A11 点的电场强度随高度（距离地面高度）变化的曲线图

图 5 - 14 所示为 A11 点的磁场强度随高度（距离地面高度）变化

的曲线图。从图 5 - 14 可以看出随高度变化，磁场强度曲线起伏较大，但绝对数值变化不大。

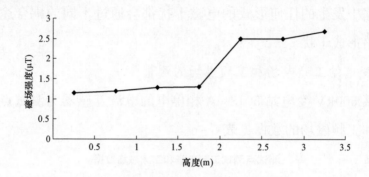

图 5 - 14　A11 点的磁场强度随高度（距离地面高度）变化的曲线图

5.5.2　实验室和现场试验

为了比较实验室和现场电磁场对测量的影响，将一台便携的电流互感器在实验室现场分别用两种方法进行试验，互感器的参数：型号：HL972；电流比：600A/5A；额定负荷/下限负荷：10VA/2.5VA；准确等级：0.2；功率因数：0.8。

（1）实验室测试数据，见表 5 - 7。

表 5 - 7　　　　　　　　　　　实 验 室 测 试 数 据

量限	$I_N\%$	5	20	100	120	容量
600/5	f（%）	−1.03	−0.394	−0.064	−0.039	10VA
	δ（′）	29.5	12	3.8	3.3	
	f（%）	−0.323	−0.056	0.19		2.5VA
	δ（′）	26	14	4.3		

在实验室，两种方法的测量数据非常接近，所以就只列出一组数据。

（2）传统的比较测差法在现场测试结果，见表 5 - 8、表 5 - 9。

表 5 - 8　　　　500kV 变电站 5013 - A 相停电的电流互感器测试点地面

测试数据

量限	$I_N\%$	5	20	100	120	容量
600/5	f （%）	−0923	−0415	−0.076	−0.056	10VA
	δ （′）	24.9	10.7	2.8	2.5	
	f （%）	−0.312	−0.039	0.185		2.5VA
	δ （′）	20.0	12	3.1		

表 5 - 9　　　　500kV 变电站 5013 - A 相停电的电流互感器测试点 3m 处

测试数据

量限	$I_N\%$	5	20	100	120	容量
600/5	f （%）	−0.909	−0.427	−0.081	−0.049	10VA
	δ （′）	26.85	11.73	4.094	3.3	
	f （%）	−0.147	−0.045	0.175		2.5VA
	δ （′）	19.75	13.22	4.92		

（3）新方法"低压外推法"在现场测试结果，见表 5 - 10。

表 5 - 10　　　　500kV 变电站 5013 - A 相停电的电流互感器测试点地面

测试数据

量限	$I_N\%$	5	20	100	120	容量
600/5	f （%）	−1.358	−0.533	−0.104	−0.085	10VA
	δ （′）	26.46	11.41	3.610	2.987	
	f （%）	−0.345	−0.034	0.110		2.5VA
	δ （′）	21.06	9.675	4.187		

5.5.3　变电站存在的空间电磁场对比较测差法检测电流互感器时的影响

从以上试验数据可以看出，传统的比较测差法无论在实验室和现场，测试数据都非常接近。这是由于在用比较测差法测电流互感器时，由比较测差法检测原理可知要给标准器和电流互感器的一次绕组通以额定一次电流，二次的电流差输入校验仪进行测试。

首先标准器和被测互感器一次绕组通过的是大电流，如 4000A/1A 的互感器其一次电流为 40～5000A，而且被测互感器的一次非极性端要接地，这样空间电磁场通过一次导体的干扰就会通过地线而减少。第二，标准器、负载箱和校验仪等设备都有屏蔽层，可有效消除外界电磁场干扰。第三，输入校验仪的二次回路的信号一般都要经过隔离、滤放等处理可使空间电磁波的干扰降低到最低限度。第四，对于变电站的工频电场和工频磁场可能通过一次导体耦合到二次回路的干扰信号，其干扰信号已经大量衰减，互感器二次回路的标准信号为 5A 或 1A，干扰信号的分量占整个二次回路测试信号的分量微乎其微。由此可以看出用比较测差法在 500kV 变电站测试时，空间电磁场对互感器准确度的影响很小。

5.5.4 变电站存在的空间电磁场对低压外推法测电流互感器准确度的影响

低压外推法检测电流互感器是将电流互感器按相同误差的电压互感器的检定，采用在二次侧测误差和导纳等相关参数，由微机运算，直接显示被测电流互感器的误差。

其误差公式为

$$\varepsilon = -(Z_2 + Z)Y + \Delta f$$

式中　Z_2——电流互感器二次绕组即电压互感器一次绕组内阻抗，复数；

　　　Y——电流互感器二次绕组即电压互感器一次绕组励磁导纳，复数，在相同电压即电流互感器二次感应电势 $E_2 = U_1$ 电压互感器一次电压下，二者的励磁导纳也相同；

　　　Δf——电流互感器即电压互感器比值差补偿值，复数实部；

Z——二次负载阻抗，复数。

从以上数据可以看出，在现场的测试数据与实验室相比有一定偏差。

在部分 500kV 变电站测试电流互感器时，通过试验发现测试 Δf 值有时会受到空间电磁场干扰，而励磁导纳影响较小，这是由于：①被试电流互感器的一次侧连接导体离带电母线最近，带电母线会在其周围产生工频电场。工频电场中，电场方向周期性地变化，引起电场中的一次导体（不管其原来带电与否）内部正负电荷的往复运动在导体内部感应出交变的感应电动势。②二次回路加载的信号耦合到一次时，信号很小，测试空载误差时耦合到互感器一次绕组的信号只有几毫伏至十几毫伏，极易受空间电磁场感应到一次导体的感应电势影响，从而导致 Δf 测试不准确。③励磁导纳 Y 是在二次侧测试，信号较大，且其为电流信号，故受影响较小。

在某 500kV 变电站，用低压外推法测得一只互感器的误差数据见表 5-11、表 5-12。

被测互感器参数：型号：IOSK 550；编号：7157716；电流比：4000A/1A；额定负荷/下限负荷：30VA/1VA；准确等级：0.2s；功率因数：0.8。

表 5-11　　　　　　　　低压外推法测量的互感器误差数据

量限	$I_N\%$	1	5	20	100	120	二次负荷
4000/1	f（%）	0.295	0.313	0.330	0.341	0.343	10VA
	δ（′）	3.125	2.675	0.855	−0.069	−0.053	
	f（%）	0.361	0.350	0.348	0.351		2.5VA
	δ（′）	1.674	1.489	1.043	0.290		

由表 5-11 数据可以看出该互感器为超差不合格。

表 5-12 传统的比较法测试数据

量限	I_N%	1	5	20	100	120	二次负荷
4000/1	f（%）	−0.051	−0.027	−0.021	−0.002	−0.002	10VA
	δ（′）	+3.9	+3.4	+1.2	+0.2	+0.7	
	f（%）	+0.020	+0.025	+0.027	+0.027		2.5VA
	δ（′）	+1.8	+1.5	+0.4	−0.2		

由表 5-12 数据可以看出该互感器误差符合其准确等级要求，为合格品。

鉴于低压外推法的检测装置有时存在部分情况受空间电磁场的干扰情况。对采用低压外推法的检测装置采取了一系列抗干扰措施，对于应用抗干扰检测装置测试以上被测互感器，测得数据见表 5-13。

表 5-13 抗干扰环境下低压外推法测量的互感器误差数据

量限	I_N%	1	5	20	100	120	二次负荷
4000/1	f（%）	−0.034	−0.024	−0.003	+0.010	+0.010	10VA
	δ（′）	+3.595	+2.686	+0.904	−0.009	+0.105	
	f（%）	+0.015	+0.015	+0.013	+0.016		2.5VA
	δ（′）	+2.209	+1.299	+1.063	+0.195		

从表 5-13 可以看出，该互感器为合格品，而且与比较测差法测得的数据进行比对，其误差值不超过该互感器误差限值的 1/3，符合 JJG 1021—2007 的规定。

以上分析了 500kV 变电站存在的电磁干扰及作用机理并对现场存在的工频电场和工频磁场进行了测量，对用比较测差法和低压外推法现场检定电流互感器的误差作了比对，可以看出：首先，现场测试电流互感器存在空间电磁场的干扰；其次，空间电磁场干扰不会对比较测差法测试电流互感器时采用正确的检测方法的情况下电流互感器准确度产生太大影响；采用低压外推法检测电流互感器时，空间电磁场会对测试结果有一定影响，但只要采取恰当的抗干扰措施，则不会对电流互感器准确度产生影响。

参 考 文 献

[1] 包玉树，罗传仙．电力测量抗干扰技术［M］．中国电力出版社，2014.

[2] 刘庆余．互感器校验仪的原理与检定［M］．北京：中国计量出版社，1988.

[3] 刘庆余．互感器校验仪的原理与整体检定［M］．北京：中国计量出版社，2003.

[4] 史家燕．高压电气设备试验方法及诊断技术［M］．北京：电力工业部电化教育中心，1996.

[5] 瓦休京斯基．变压器的理论与计算［M］．北京：机械工业出版社，1983.

[6] 郁涵．一种有效检查 CT 回路完整性的方法［J］．华中电力，2003（1）：52-54.

[7] 李志伟．改善套管升高座接线盒防雨性能提高主变运行可靠性［J］．高压电器，2001（4）：61-61.

[8] 赵修民，赵屹涛．低压外推法测定电流互感器误差［J］．电测与仪表，2004，41（12）：28-30.

[9] 陆文骏，王鑫．590C 互感器校验仪检定方法探讨［J］．电测与仪表，2000，37（7）：14-15.

[10] 宁伟红，杨以涵，李静，等．互感器校验装置综述［J］．电力系统保护与控制，2009，37（10）：131-134.

[11] 刘江锋．基于 DSP 的互感器校验仪设计及实现（硕士学位论文）［D］．武汉：武汉理工大学，2004.

[12] 顾洪波，吴宏斌．新型比较仪式互感器校验仪的研制［J］．电测与仪表，2003，12：20-23.

[13] 贾红舟．变电站二次回路抗干扰问题浅谈［B］广东电力，2005（10）.

[14] 步海燕．微机继电保护装置的干扰与抗干扰设计［A］电网技术 2006 (6).

[15] 全国无线电干扰标准化技术委员会，全国电磁兼容标准化联合工作组，中国实验室国家认可委员会．电磁兼容标准实施指南［M］．北京：中国标准出版社，1999.

[16] 韩爱芝，井广秀，等．判断变压器绕组变形的简单方法［J］．变压器，2003，40（4）：8‑12.

[17] 张孔林．变压器绕组变形测试的研究［J］．福建电力与电工，1999，19（4）.5‑7.

[18] 王乐仁．电力互感器检定及应用［M］．北京：中国计量出版社.2010.

[19] 国网浙江省电力公司．高压互感器基本误差现场测量［M］．北京：中国电力出版社.2017.

[20] 许艳阳．变电设备现场故障与处理典型实例［M］．北京：中国电力出版社，2010.

[21] 毛文奇，毛柳明，胡旭．利用超声波法检测 SF_6 电流互感器内局部放电故障［J］．湖南电力，2011，31（5）：49‑51.